FI32

FASHION ILLUSTRATION IN 32 WEEKS
패션 일러스트레이션 32강

저자의 말

이 책은 개인이 체득하거나 창조한 패션의 이미지를 시각화하는 효과적인 방법을 훈련하는 교재이다. 이 책의 내용은 의류학, 의상학, 패션디자인과 관련된 분야의 학생이나 시각적 표현이 필수적인 산업분야의 실무자를 대상으로 한다.

우리는 단지 유행하는 그림을 그리려는 것이 아니다. 새롭고 아름다운 이미지를 전달하는 방법을 배우고 실험하려는 것이다.

아티스트와 디자이너의 사명은 새로움의 창조이다.

이 책은 다양한 패션 일러스트레이션의 기초 이외에 작가의 창조적인 표현방법을 보고 느끼고 따라서 해 보기 위해서 책의 전반전인 느낌을 벗어나지 않는 범위에서 저자 이외에 전문 일러스트레이터와 의류학 관련 학생들의 작품과 작업을 담았다.

보다 나은 패션 일러스트레이션 교재 제작을 위해 작품을 담도록 허락한 일러스트레이터 이성미, 이윤정, 이현진, 이경아, 안세라, 이진경, 이영화 선생님과 학생들에게 더불어 감사의 말을 전한다. 또한 효과적인 편집을 도와주신 시선커뮤니케이션 유효선 실장님에게 감사한다.
마지막으로 이 책이 출판되는 데 많은 힘이 되어 주신 교문사 류제동 사장님과 양계성 상무님께 많은 감사의 말을 전한다.

2007년 6월 30일

CONTENTS

Orientation 1

패션 일러스트레이션의 이해

패션 일러스트레이션은 지속적인 암기나 학습과 함께 느낌과 직관으로 가치를 체득하는 분야라 할 수 있다. 마치 재즈 음악을 감상하거나 작곡하고 연주하는 것과 같은 것이다. 느낌과 직관에서 비롯된 이미지를 효과적으로 시각화하는 것이 패션일러스트레이션의 과제인 것이다.

현대인들의 생활수준 향상과 미의식에 대한 관심이 높아지면서 패션 일러스트레이션에도 실용적인 목적 외에도 예술적 기대를 표현하고 있다. 패션 일러스트레이션은 패션 메시지 전달이라는 특별한 목적성을 가지는 동시에 미적 표현에 의한 예술성에 가치를 두는 장르로서 그 의미가 깊다. 또한, 패션 일러스트레이션은 표현기법과 재료의 다양함, 그리고 다각적 기능으로 영역의 확대가 이루어지면서 패션의 중요한 표현기능을 지니는 분야로 고도의 전문성을 띠며 발전하고 있다.

현대 예술의 흐름은 순수 미술과 실용 미술의 한계를 모호하게 하며, 그러한 장르의 구분 또한 무의미함을 보여준다. 또한 현대의 패션 일러스트레이션은 실용적 기능성을 내포한 고도의 예술적 표현을 통해 순수 미술의 표현 영역으로 확대되고 있다.

패션 일러스트레이션은 커뮤니케이션을 대전제로 한 이미지의 시각적 표현이고 현대에 이르러서는 작가 중심적 주관과 해석에 의한 표현이 주를 이루고 있다. 따라서 현대의 패션 일러스트레이션은 패션 메시지 전달 이외에도 독자적 표현 방법에 의한 조형성과 창의적 예술성을 표현하는 데 의의가 있다.

패션 일러스트레이션(Fashion Illustration)을 설명하기 위해서는 '패션'과 '일러스트레이션'의 두 가지 개념을 먼저 정의하는 것이 바람직하다.

패션(Fashion)의 어원은 라틴어로 Factio에서 비롯된 말로 '행동', '행위', '움직인다'라는 의미를 가지며, 양식, 형(shape), 유행(vogue), 습관 등 다양한 의미를 지닌다.
즉, 패션이란 사회현상의 하나로 일정한 사회 속에서 어느 일정 기간 내 상당한 범위의 사람들이 생활 태도, 사고, 판단 등에서 모방을 매체로 해서 취하는 유동적인 동조행동의 양식이며, 늘 새로운 것을 추구하고 주기적인 특성을 지닌 하나의 사회적인 집합 현상이라고 정의할 수 있다. 이때 패션은 단순한 의복에 한정된 것이 아닌 아프리카 원주민에서 볼 수 있는 문신이나 상처뿐만이 아니라 화장, 헤어스타일, 장신구 등 의복류를 포함한 모든 인체의 장식적인 개념, 나아가서는 인체를 둘러싼, 그리고 직접 맞닿는 빛, 기체, 액체, 고체 등의 환경까지도 포함하여 인체에 직접 시행된 모든 조형으로서 파악되는 것을 개념으로 하고 있다.
일러스트레이션(illustration)의 어원은 'To make light'로 보이지 않는 대상에 빛을 비추어 육안으로는 볼 수 없는 세계, 즉 감정이나 사상을 시각화하여 대중에게 설명한다는 의미로 사고 이전에 느낌이라는 직감적 영상 언어로 표현함으로써 개인과 사회를 연결시켜주는 시각 언어이다.

일러스트레이션은 도형, 도표, 삽화, 컷, 만화, 사진 등 내용의 전달에 도움을 줄 수 있는 보완적 설명 기능이나 단순히 장식적인 기능을 갖는 모든 것을 통틀어서 말한다. 하지만 좁은 의미로는 작가의 뚜렷한 의식 하에 어떤 이미지를 나타내기 위해 그 역량과 개성을 발휘하여 표현한 그림을 말한다. 즉 패션 일러스트레이션 이란 대중과의 커뮤니케이션을 전제로 하는 시대정신이 반영된 패션 정보와 이미지의 시각적인 표현이다. 다시 말하자면 '유행을 그린다.'라는 뜻으로 복식의 단순한 도해에서부터패션 이미지를 나타낸 고도의 예술적 표현에 이르기까지 복식 전달을 위한 그림이라고 할 수 있다.

패션의 유행과 미술 표현양식의 다양한 변화는 패션 일러스트레이션에 있어서도 변화를 추구하게 하고 그림으로 표현하는 부분뿐만 아니라 사진이나 컴퓨터 그래픽을 포함한 모든 표현양식을 포괄하여 정의될 수 있다. 그러나 패션 일러스트레이션은 보통 회화와는 달리 사용되는 목적, 기능, 용도에 따라 그것에 적합한 패션의 정보 및 사회적 시대정신이 반영된 패션 메시지를 대중에게 효과적으로 전달하기 위한 시각표현이다. 그것은 사회적인 책임을 의미하는 것이며, 이미지 창조를 위해 전달 기능의 목적을 이루면서 대중사회의 희망과 본연의 표현으로서의 예술성을 가져야 한다.

패션 일러스트레이션은 위의 기본 개념과 함께 여러 가지 다양한 기능과 용도를 가지고 있다. 먼저 오늘날 패션 일러스트레이션이 수행하고 있는 각종 기능은 다음과 같다.

첫째, 정보 전달의 기능으로서의 패션 일러스트레이션은 커뮤니케이션의 시대적 흐름에 편승하여 대중에게 단순하고 강력한 영향을 주는 기능으로 의상 제작을 위한 1차적인 전달뿐만 아니라 새로운 시각의 세계를 열어주는 것까지 폭넓은 기능을 포함하고 있다. 따라서 그들의 목적과 특성에 따라 기능적이 되어야 하며 시각적으로 아름답고 사용과 목적에 따라 필요조건을 충족시켜야 한다.

둘째, 패션 창조의 영감원으로서의 패션 일러스트레이션은 복식의 기능과 실용에 따르는 합리적인 제한을 벗어나 이미지 세계로 확대된 것이므로 창조의 영감원이 되기도 한다. 상상의 세계를 쉽게 형상화함으로써 패션 디자인에 무한한 창조의 폭을 넓혀 주고 있다.

셋째, 예술적 기능으로서의 패션 일러스트레이션은 작가의 명확한 주체 의식과 예술적 미감을 요구하므로 그 발생 단계에서부터 예술적 기능을 내포하고 있다. 패션 일러스트레이션은 예술의 생활 가까이에 접함으로써 정신적인 삶을 풍부하게 하고 패션에 대한 감각을 한층 높여 줌으로써 보는 사람으로 하여금 예술적인 직관력으로서 접근하게끔 유도하는 예술적 기능을 한다.

패션 일러스트레이션의 용도는 크게 다섯 가지로 분류할 수 있다.

첫째, 의상제작을 위한 패션 일러스트레이션으로 개인의 복식 디자인 발상을 구체적으로 표현하거나, 부티크 같은 주문점에서 고객에게 디자인에 대한 조언을 하기 위해서, 또는 규모가 큰 의류업체에서 작업을 위해 정리된 타입의 패션 일러스트레이션이 그것이다. 이 세 가지는 표현의 실제에는 다소 차이가 있는데 그것은 약간씩 기능을 달리 하기 때문이다. 이러한 용도는 패션 일러스트레이션의 묘사의 정확도와 신뢰도에 기인하며 디자인한 의도를 정확히 전달하여 시행착오와 시간적 · 물리적 과실을 최소화하여 조직적이고 효율적인 생산체계를 이루게 한다.

둘째, 패턴북, 정보를 위한 패션 일러스트레이션이다. 패턴북은 정기적으로 유행하는 스타일을 선별하여 패턴으로 만들고 그 패턴을 팔기 위해 패턴의 스타일을 패션 일러스트레이션으로 엮어놓은 일종의 카탈로그로 그 표현에 있어 지나친 과장이나 생략 없이 정확한 선, 흥미 있는 표정, 활동적인 자세, 옷을 입었을 때의 분위기를 잘 표현해야 한다.

셋째, 광고를 위한 패션 일러스트레이션이다 선전, 광고를 위한 패션 일러스트레이션은 상품의 판매, 확충을 목적으로 대중을 설득하기 위한 것이므로 대중에게 강한 인상으로 흥미를 북돋워 동기를 유발하는 작용을 하여야 한다. 신문, 잡지를 통한 광고 이외에도 의류업체의 카탈로그, 패키지 디자인, 백화점이나 전문점의 POP 광고, 패션쇼의 포스터나 프로그램 등에서 널리 사용되고 있다.

넷째, 장식을 위한 패션 일러스트레이션이다. 패션 일러스트레이션이 다양하게 발전됨에 따라 미술품과 같이 풍부한 이미지와 예술적 가치를 지닌 그림을 말한다. 복식의 구체적인 묘사보다는 전체적인 분위기를 회화적으로 표현하는 것이므로 화면 효과나 이미지를 살리기 위해 상당한 생략이나 왜곡이 허용되고 이러한 패션 일러스트레이션 작품을 통하여 패션에 대한 이해를 돕고 대중의 보는 눈을 높여줄 수 있다.

다섯째, 순수예술표현으로서의 패션 일러스트레이션이다.

현대 패션 일러스트레이션의 가장 큰 특징은 그 표현방법과 재료에 한계를 갖지 않는 것에 있다. 일러스트레이션 표현에 있어서 가장 큰 비중을 차지하는 것은 어떤 재료를 사용하여 어떻게 표현하느냐 하는 것으로 '이미지의 고도화'라는 패션 일러스트레이션에 있어서 같은 디자인의 의상이라도 표현 재료와 기법에 따라 전달되는 이미지가 변화될 수 있기 때문이다. 그러므로 일러스트레이터가 표현하고자 하는 의도에 따라 재료와 기법의 선택이 매우 중요한 요소가 된다.

표현기법은 크게 평면적인 방법과 입체적인 방법으로 나누어 볼 수 있고 평면적 기법으로 가장 먼저 패션 일러스트레이션에 쓰여진 도구들은 포인트 미디어(Point Media; 끝이 뾰족한 도구)로 연필, 색연필, 목탄, 크레용, 마커, 파스텔 등이 속하며 완전한 드로잉, 음영이나 톤의 미묘한 변화 또는 밑그림이나 대담한 라인 드로잉을 만들어 낼 수 있고 다양한 표현 방법의 응용과 편리함으로 끊임없이 패션 일러스트레이터들의 표현 도구로 애용되고 있다. 또한 수채화물감, 아크릴물감, 에어브러시, 수묵 등도 핸드 드로잉을 통한 다양한 화면 표현에 사용된다.

입체적인 방법 또한 보다 적극적이고 구체적인 방법으로 점점 더 다양한 소재와 재질감의 개발로 발전을 거듭나고 있다. 시각적 전달 기능을 향상시켜 그 조형성을 더욱더 창의적인 방법으로 표현할 수 있으므로 많은 일러스트레이터들에 의해 개성적이고 감각적인 표현방법으로 다양하게 나타난다.

파피에 콜레(Papier Coller), 콜라주(Collage), 페이퍼 릴리프(Paper Relif), 프로타주(Frottage) 외에도 재료의 특성을 살리고 독특한 가공 방법과 처리로 그 효과를 살린 다양한 부조적 표현들이 3차원의 성격으로 나타나고 있다. 종이접기기법, 지점토, 수제지를 이용한 콜라주, 그림자를 표현하여 3차원적 거리감을 보여주는 조형기법, 페이퍼 슬래시 드로잉(Paper Slash Drawing), 컷아웃기법, 직조기법 등이 패션 일러스트레이션에도 다양하게 응용되고 있으며 그 재료에 있어서도 각종 천, 찰흙, 나무, 금속, 플라스틱 등 제한없는 소재 사용으로 일러스트레이터들의 적극적 실험정신과 시대에 맞는 작가정신 그리고 창의력이 요구된다.

현대 패션 일러스트레이션은 회화, 조소, 공예 등 다양한 예술 분야의 표현기법과 특성이 접목되어 패션 이미지 전달 기능과 함께 예술성과 장식적 기능을 만족시키며 끊임없이 발전하고 있다.

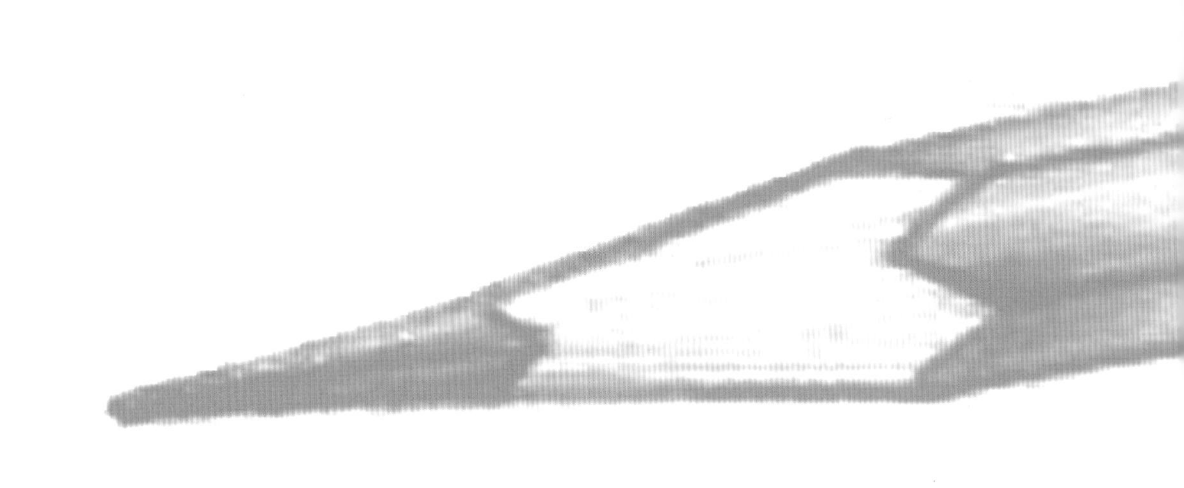

Line Exercises

선, 명암, 입체의 표현

선긋기 연습 (Line Exercises)

드로잉을 하기 위해서는 제일 먼저 자유자재로 선을 그을 수 있어야 한다. 하지만 자유로운 선의 표현은 하루아침에 완성되는 것이 아니라 오직 꾸준한 노력과 연습을 통해서만 이루어진다. 물론 연습과정이 지루하고 힘이 들지만 이 과정을 뛰어 넘으면 그때는 자신이 사용하는 선의 표현이 전보다 자유로워졌다는 것을 느낄 수 있을 것이다. 또한 자신도 모르는 사이 여러가지 시각적인 형태들을 그려 낼 수 있는 힘을 가지게 되며 나아가 자신의 드로잉을 대표하는 스타일로 완성된다.

선긋기 연습은 가장 기본이 되는 수직, 수평, 사선으로 시작하며 이는 앞으로도 계속 연습해야 할 과제이다.

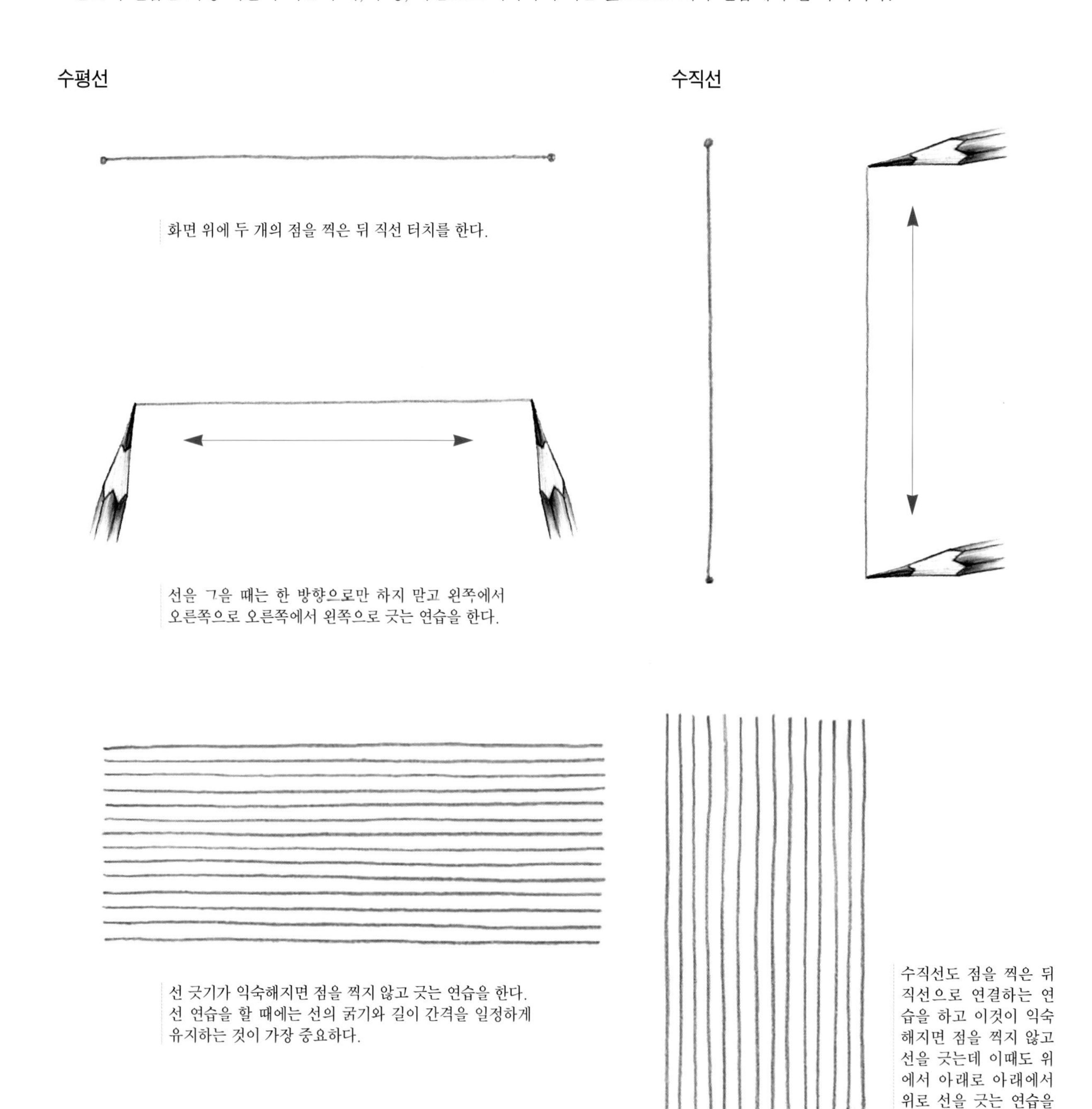

화면 위에 두 개의 점을 찍은 뒤 직선 터치를 한다.

선을 그을 때는 한 방향으로만 하지 말고 왼쪽에서 오른쪽으로 오른쪽에서 왼쪽으로 긋는 연습을 한다.

선 긋기가 익숙해지면 점을 찍지 않고 긋는 연습을 한다. 선 연습을 할 때에는 선의 굵기와 길이 간격을 일정하게 유지하는 것이 가장 중요하다.

수직선도 점을 찍은 뒤 직선으로 연결하는 연습을 하고 이것이 익숙해지면 점을 찍지 않고 선을 긋는데 이때도 위에서 아래로 아래에서 위로 선을 긋는 연습을 한다.

선 연습 시 유의사항

- 선을 그을 때는 손과 팔이 구부러지지 않게 주의하고 손의 힘을 느끼면서 선의 농도와 굵기를 조절한다.
- 선은 짧은 선으로 여러 번 긋는 것이 아니라 긴 선으로 한 번에 긋는 연습을 한다.
- 선의 농도와 굵기는 항상 일정하게 유지하도록 하는데 선을 그을 때 도구를 돌려주면서 그으면 도움이 된다.
- 선을 그을 때는 급한 마음으로 빨리 긋지 말고 선에 집중하고 천천히 한 번에 긋는 연습을 한다.
- 선을 긋는 도중 멈추게 되면 덧선을 그리지 말고 바로 전에 그은 선의 끝에서 약간 띄어서 그린다.

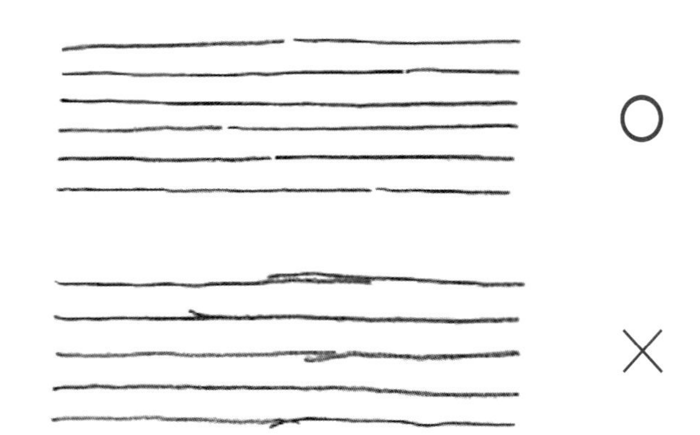

사선

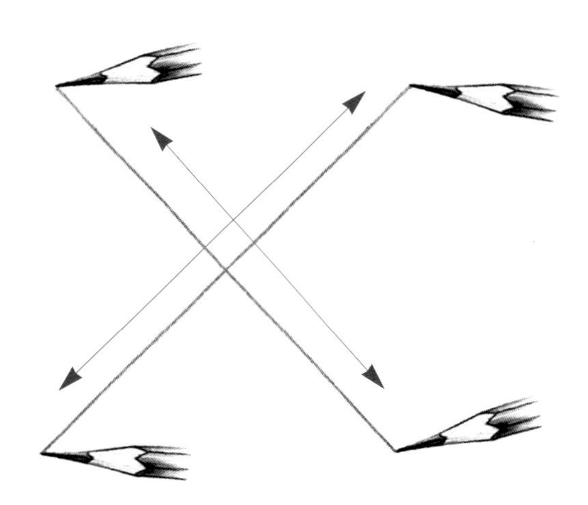

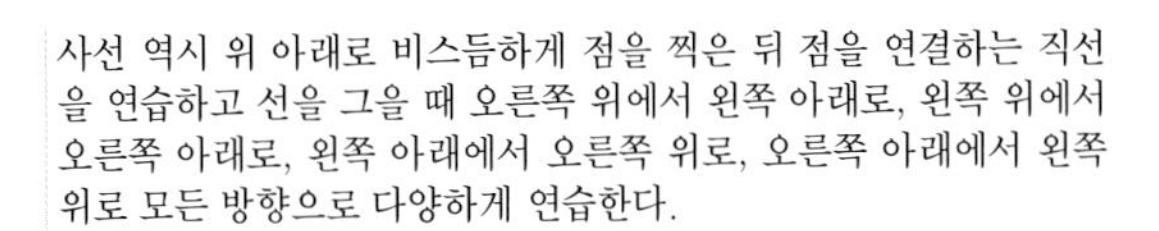

사선 역시 위 아래로 비스듬하게 점을 찍은 뒤 점을 연결하는 직선을 연습하고 선을 그을 때 오른쪽 위에서 왼쪽 아래로, 왼쪽 위에서 오른쪽 아래로, 왼쪽 아래에서 오른쪽 위로, 오른쪽 아래에서 왼쪽 위로 모든 방향으로 다양하게 연습한다.

지금까지 연습한 수평, 수직, 사선을 활용하여 다양한 형태의 선을 그려보는 연습을 한다.

표적선

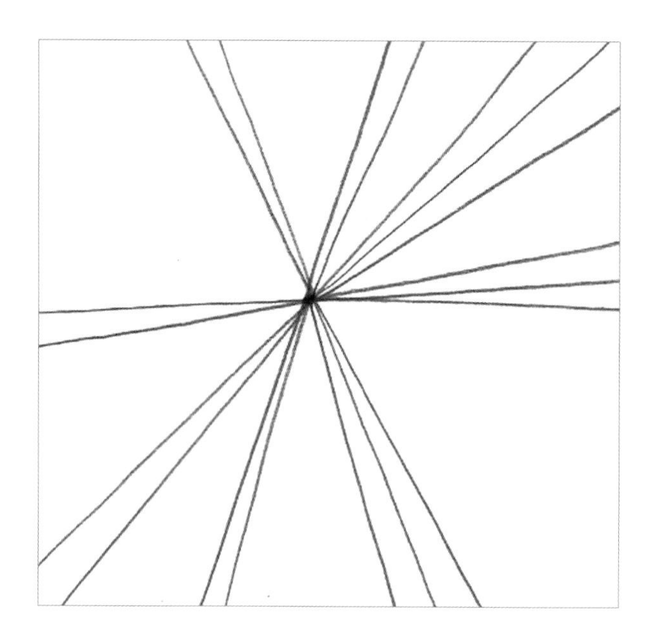

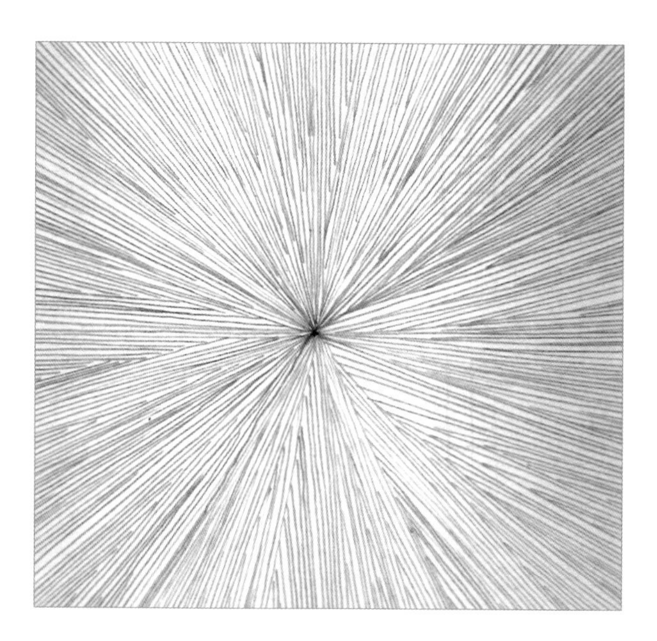

화면 가운데 점을 하나 찍고 그 점을 지나는 선을 긋는다. 이는 주어진 어느 방향에서나 주어진 점을 향해 선을 긋는 것이 중요하다.

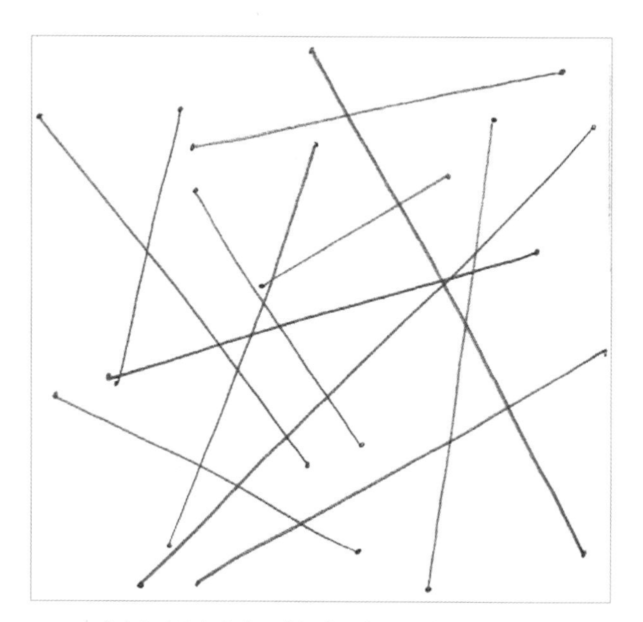

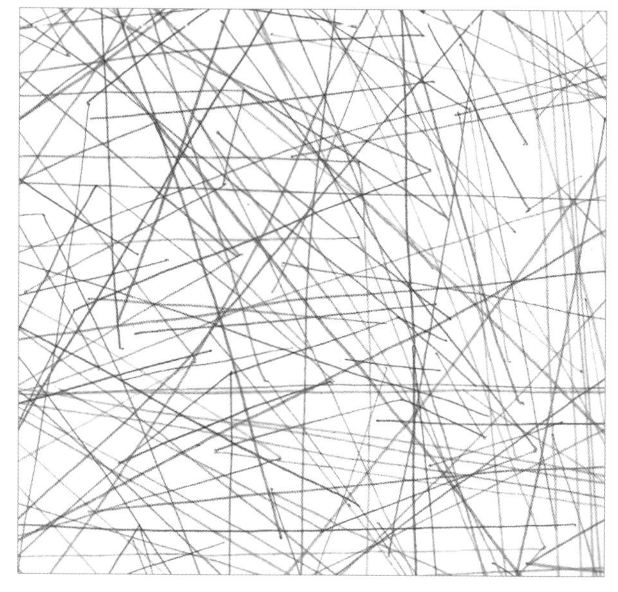

화면 속에 무수히 많은 점을 찍고 점을 두 개씩 연결하는 선을 긋는다. 선은 한 가지만 사용하지 말고 긴선, 중간선, 짧은 선을 다양하게 활용한다.

교차선

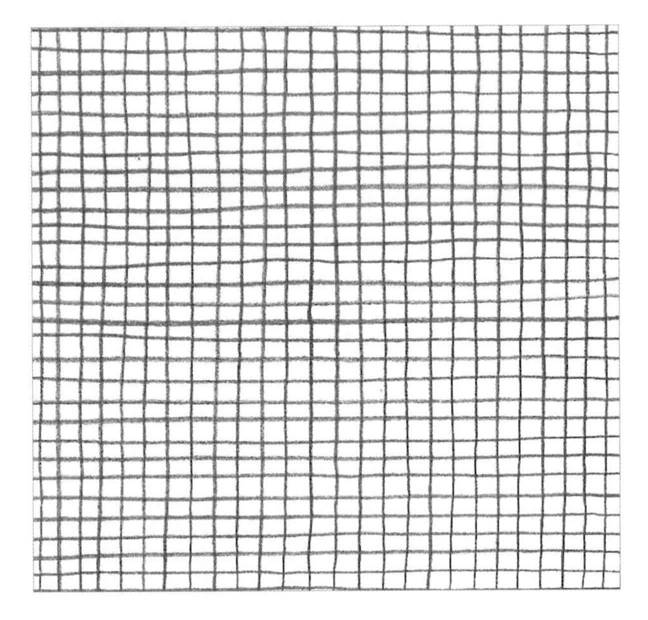

수직선과 수평선을 이용한다.

수평선, 수직선, 사선을 이용한다.

삼각형/ 사각형

삼각형이나 사각형의 테두리를 따라 나선형 모양의 선을 그려본다. 처음 연습할 때에는 선의 간격을 일정하게 유지하도록 힘쓰고 어느 정도 익숙해졌을 때 선의 중심과 간격을 조금씩 바꿔가며 모양을 변형시켜 본다.
다양한 크기와 모양의 삼각형, 사각형을 반복해서 연습해 보고 형태감을 익힐 수 있도록 노력한다.

원

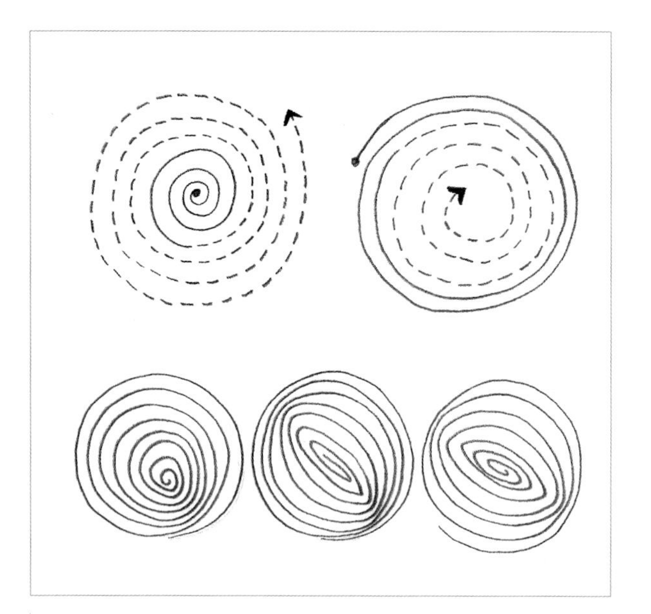

소용돌이 모양을 반복해서 연습하면 원을 그릴 때보다 편해진다. 처음 그릴 때는 중심에서 시작해서 시계 방향과 시계 반대 방향으로 그리며 간격은 최대한 좁게 한다. 중심부터 그리는 것이 익숙해지면 바깥에서 안쪽으로 그려보고 중심과 간격을 바꿔가며 다양한 형태를 연습한다. 나선형 연습이 끝나면 원을 그리는 연습을 한다.

자유곡선

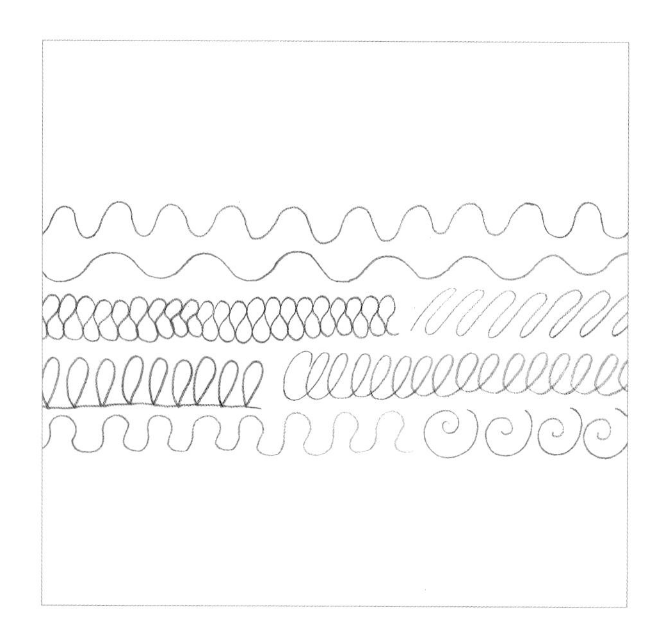

원을 연습한 뒤 곡선을 그리면 보다 편안하게 곡선을 그릴 수 있다. 지금부터는 자신이 정한 스타일의 곡선을 그리고 연습해 보자.

명암

명암은 물체를 표현함에 있어 없어서는 안 된다. 지금까지 연습한 선의 농도를 통하여 다양한 명암을 나타낼 수 있다.
연필은 4H에서 6B까지 경도와 농도가 다양하게 있지만 한 자루의 연필만으로도 그리는 속도나 필압, 강약에 따라 다양한 농도를 나타낼 수 있다. 연필을 뉘어서 사용하면 굵은 선이나 명암을 나타낼 수 있고 연필 끝을 쥐고 그리면 강한 명암이나 세밀한 부분을 나타낼 수 있다. 반면 가볍게 쥐면 약한 명암이 나타나고 연필을 세우면 가늘고 날카로운 선이 나와 해칭할 때 사용한다.

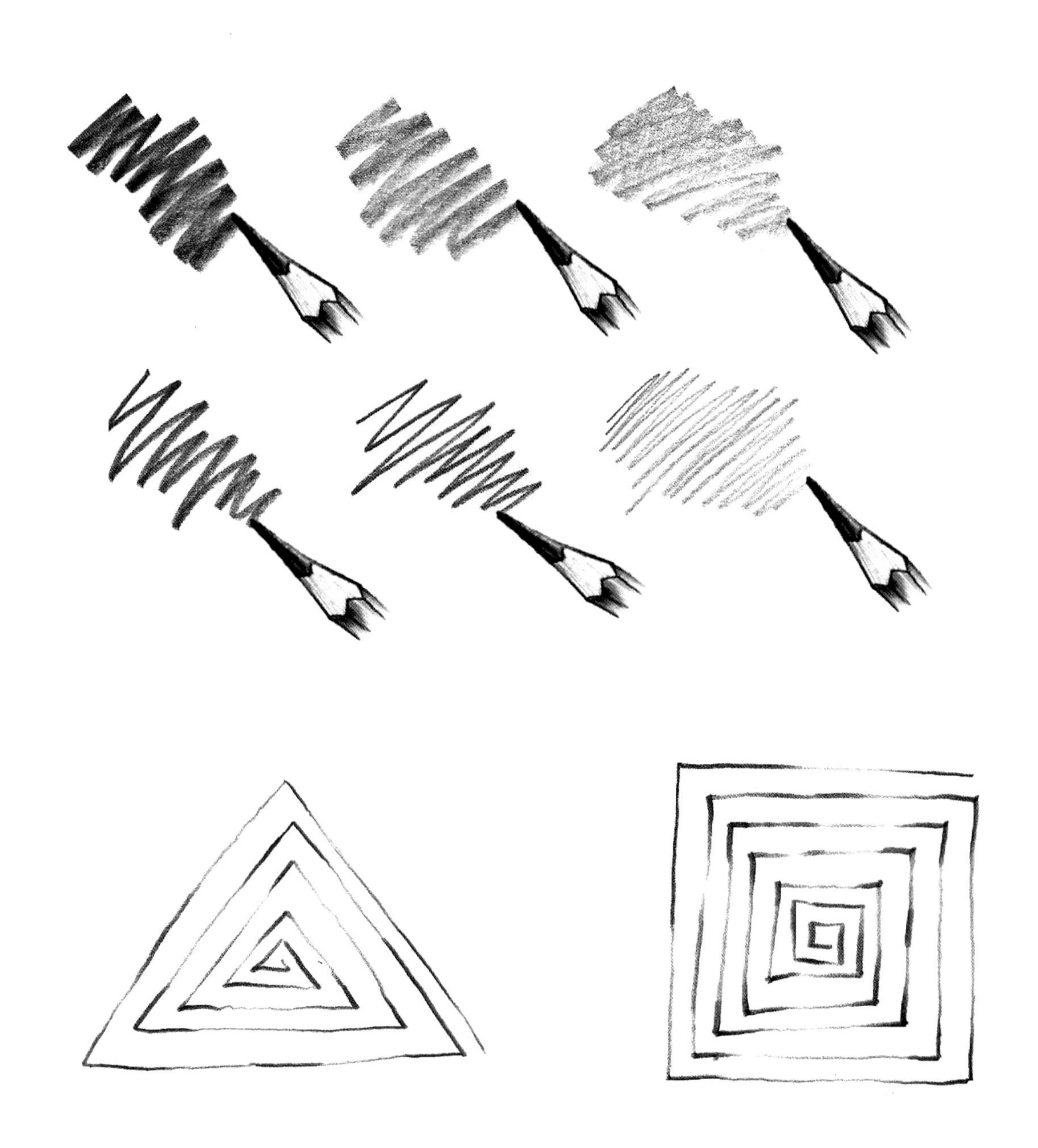

힘을 주고 그리면 두껍고 진한 선이 나오고, 힘을 빼고 그리면 가늘고 연한 선이 나와 명도 조절을 할 수 있다.

10단계 명암

충분한 선 연습을 한 후 명암을 그리면 선의 농담 조절이 가능하다. 처음 명암의 단계를 10단계로 설정하여 명도의 변화를 충분히 익히고 그 뒤 5단계로 낮춰 연습한다. 명암을 연습할 때는 직선 뿐 아니라 앞서 연습한 다양한 선으로도 표현해 본다. 단계별 연습을 충분히 한 뒤 명암의 농도를 한 번에 그리는 연습을 하는데 이때 연필을 잡는 형태에 따라 다양한 느낌의 선이 연출된다.

5단계 명암

한 번에 그리기

입체

앞에서 연습한 명암은 사물의 형태를 나타내는 데 사용된다.
어떠한 물체의 면을 바라볼 때 명암은 면의 방향이나 빛의 흐름에 따라서 조금씩 다르게 나타나는데 빛에 가까울수록 밝게, 멀어질수록 어둡게 나타난다. 입체를 그릴 때는 이런 빛의 흐름을 파악하고 그에 알맞은 명암의 농도를 주어야 한다.
또한 모든 물체의 면에는 그에 맞는 선의 흐름이 있는데 이를 파악하고 그에 맞는 선을 사용하면 보다 빠르게 사물을 그려낼 수 있다.

육면체 그리기

위의 육면체는 각기 다른 선을 사용하였지만 밝음, 중간, 어두운 명도의 단계가 공통적으로 보여 져서 외관의 형태가 잘 파악되고 있다.
육면체에서는 세로 방향과 가로 방향의 터치가 주체를 이루며 표면에 사용되는 선의 느낌과 방향에 따라 재질감이 달라 보이는 것을 느낄 수 있다.

구 그리기

1시간 소요

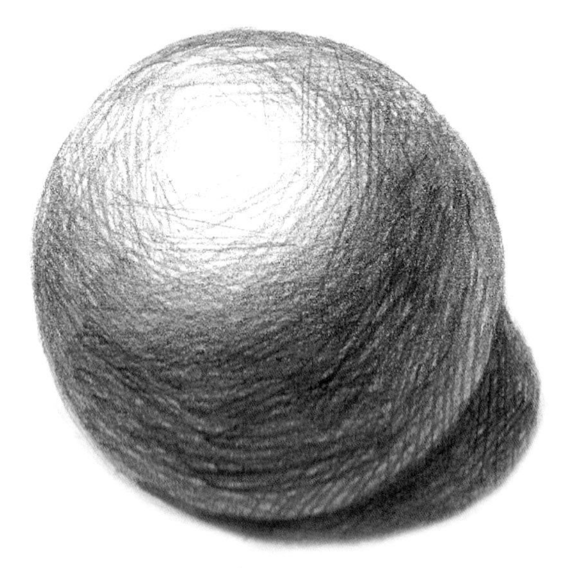

15분 소요

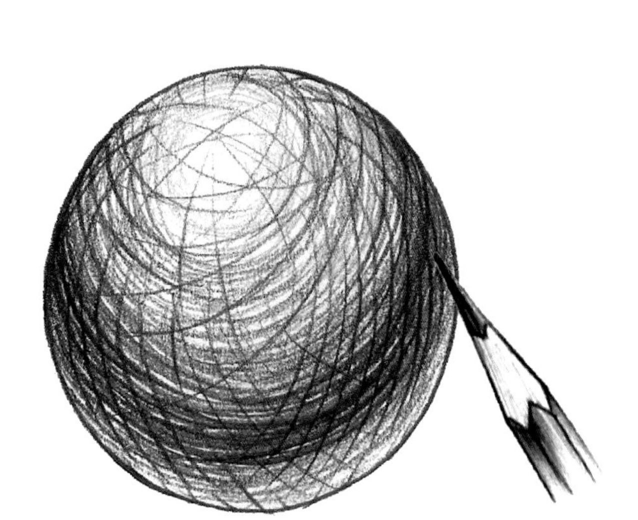

5분 소요

곡선의 감각적인 사용

구는 주로 곡선을 회전시켜 그리지만 다양한 선을 활용해서 그리는 연습도 함께 한다.

처음 구를 그릴 때는 오랜 시간동안 구 표면의 흐름에 맞춰 수직선, 수평선, 사선, 곡선을 사용하고 연필을 잡는 힘을 달리하여 다양한 농도의 명암을 표현한다. 이 과정이 익숙해지면 손놀림을 빨리하여 그리는 시간을 30분 정도 단축해 보고 많은 연습 후 20분, 10분, 5분 안에 구를 완성하는 연습을 한다.

이것은 속도감 있고 감각적인 선을 연출해 내는 데 좋은 연습이 된다.

원기둥 그리기

1시간 소요

15분 소요

수직선과 사선의 감각적인 사용

원뿔 그리기

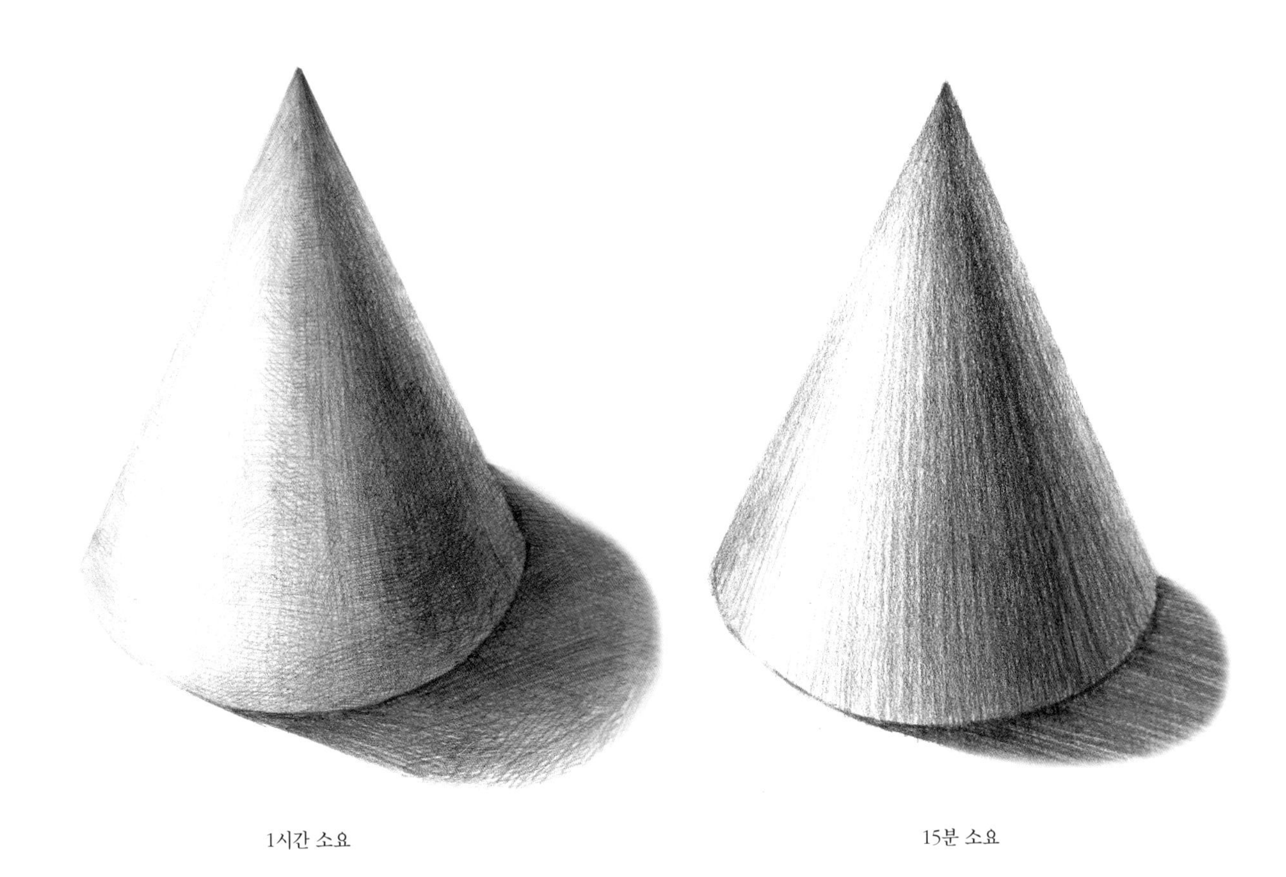

1시간 소요

15분 소요

원뿔은 방사형 터치와 곡선 터치가 사용된다.

입체의 다양한 활용

지금까지 연습한 원기둥, 원뿔, 구를 이용해 인체를 구성하고 표현해 보자. 필요하다면 육면체를 사용하여도 된다.

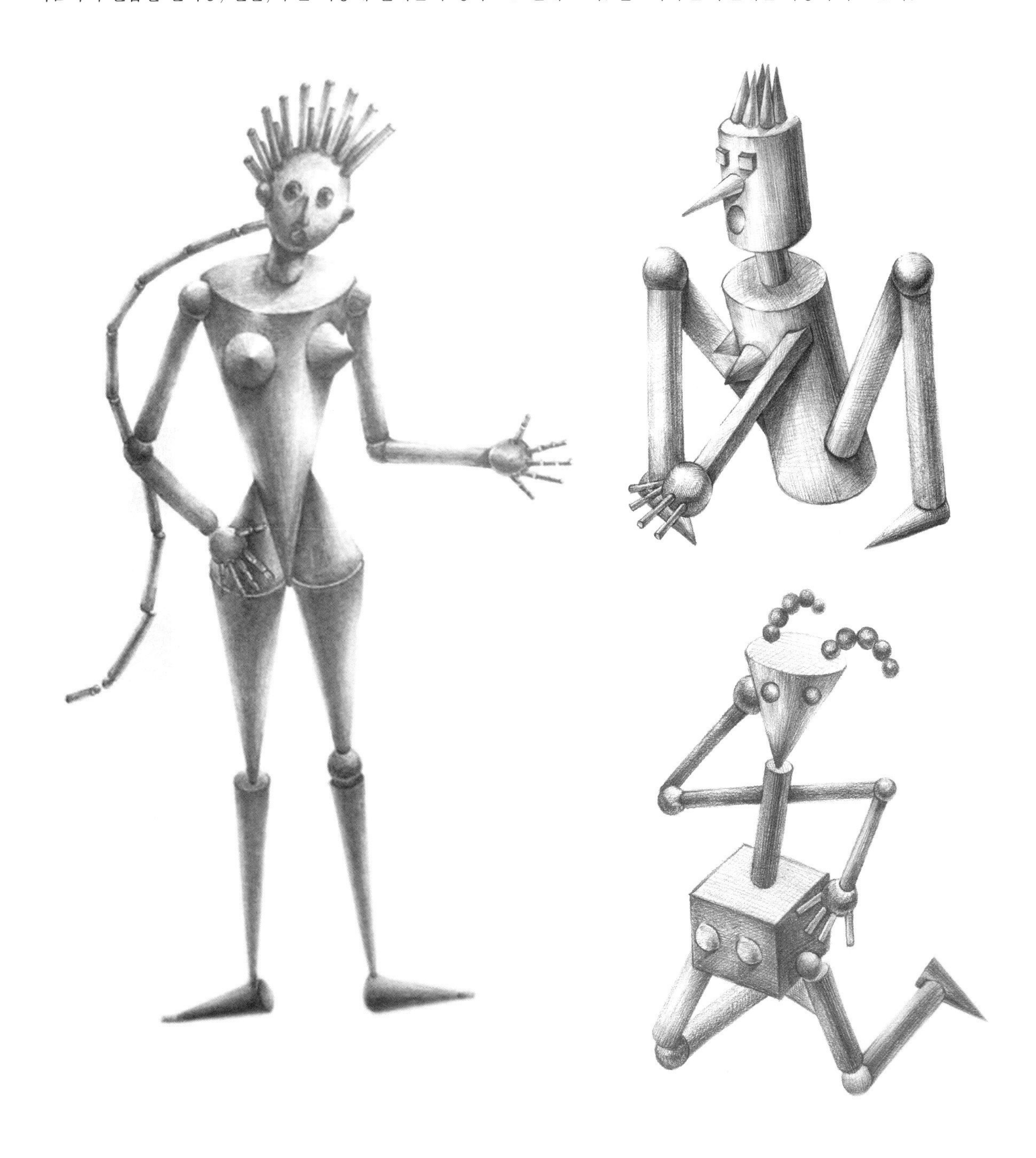

Face

얼굴 구조의 이해

기본 얼굴형 (Basic Face)

얼굴은 패션의 이미지, 연령대 등 전체적인
분위기를 결정짓는 역할을 한다.
이 때 정확한 인물화적 표현보다는 개인의 개성과
목표에 맞는 스타일을 만들어내는 것이 바람직하다.

기초적인 표현을 충분히 연습한 후에
자신만의 스타일을 찾아서 만들어 가자.

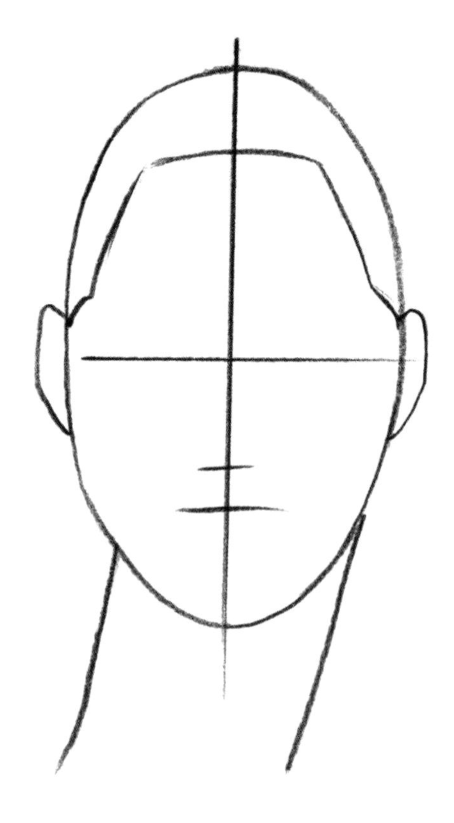

정면 (Front)

얼굴 세로 길이의 중앙에 눈이 위치한다.
코와 입, 얼굴의 폭은 분위기에 따라 알맞은
위치에 그린다.

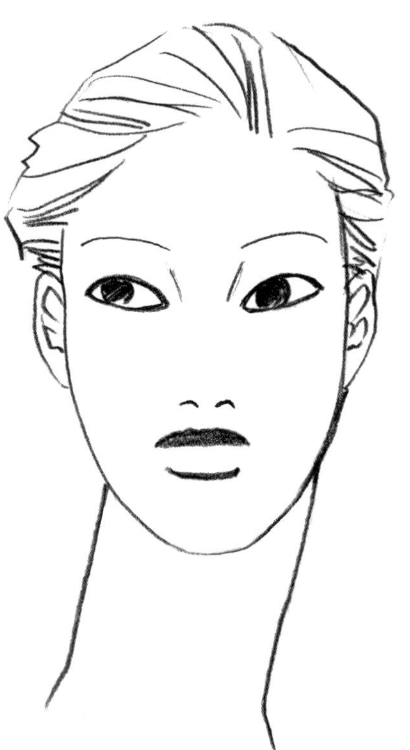

측면 (Side)

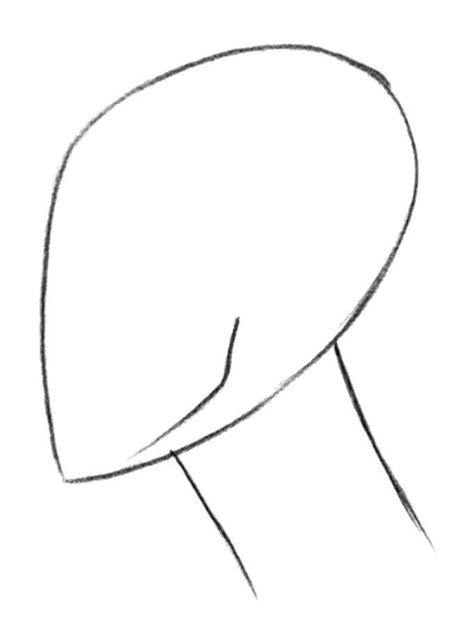

얼굴의 측면은 정면에 비해 가로 폭이 넓으며 얼굴면은 다소 평평하고 뒤통수가 도드라지는 타원형의 형태감을 보인다.
눈썹과 눈, 뒤통수는 사선으로 잘라 표현하며 코와 입은 사선으로 불거져 나온 선상에 그린다.
이때 목은 턱 밑부분의 길이를 충분히 확보한 후 얼굴의 방향과 반대쪽을 향하는 사선방향으로 표현한다.

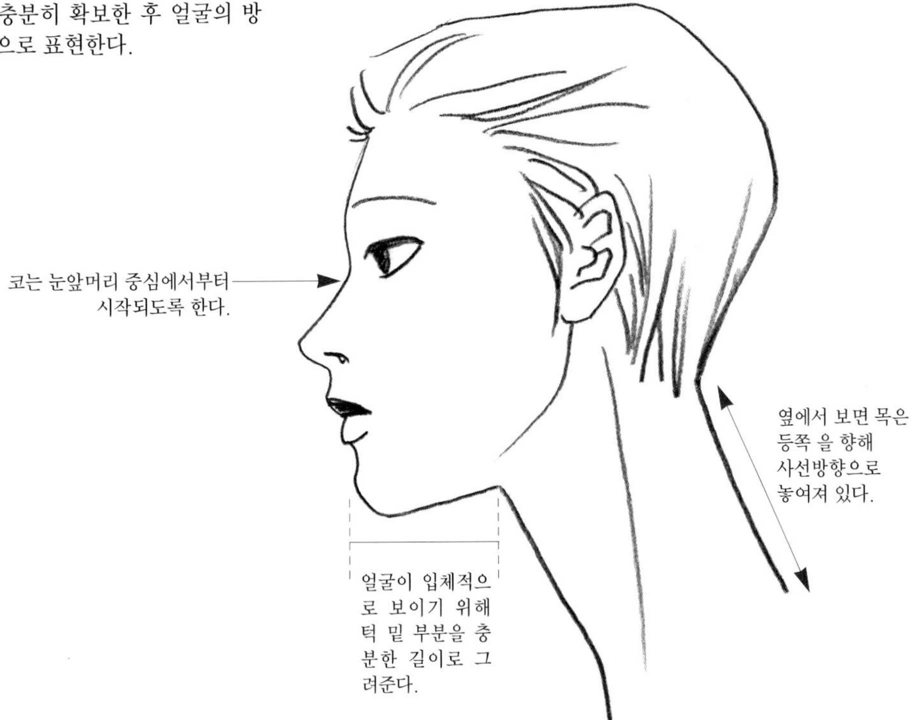

얼굴의 방향 (Direction of Face) 다양한 방향의 얼굴은 가로 세로 기준선에 기울기를 준 후 적절한 세부묘사를 하여 완성한다.

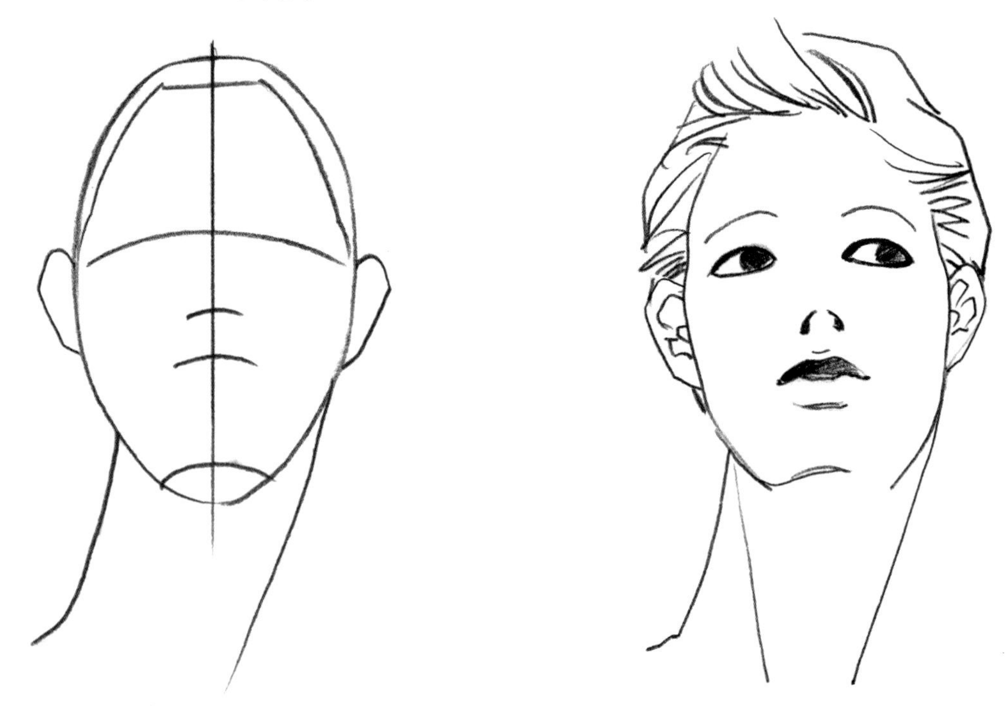

위를 올려다 보는 얼굴은 눈, 코, 입의 기준선이 위로 볼록한 포물선을 그린다.

아래를 내려다 보는 얼굴은 눈, 코, 입의 기준선이 아래로 오목한 포물선을 그린다.

얼굴이 옆으로 돌아갈 경우, 세로중심선 역시 그 각도만큼 이동한다.

다양한 얼굴형 (Face Styles)

일반적인 얼굴형에서 벗어나 기호에 맞는 얼굴을 개발하는 것은 개인의 작품세계를 결정짓는 계기가 되기도 하므로 매우 중요한 작업이다. 앞서 배운 기초적인 얼굴에 전체적인 비례와 부분적인 디테일을 변형 하면 개성 있는 패션 페이스를 개발할 수 있다. 서구적인 얼굴과 동양적인 얼굴, 미인형 얼굴과 코믹한 얼굴, 정교한 얼굴과 단순한 얼굴, 중성적인 얼굴 등 다양한 얼굴형을 연구해보자.

얼굴의 변형 (Deformation of the Face)

일반적인 모델의 얼굴을 개성 있는
패션 페이스로 변형해 보자.

일반적인 인물화적 묘사

개성적인 얼굴형

얼굴과 목 (Face and Neck)

얼굴과 몸을 자연스럽게 연결시키기 위해서는 목의 해부학적 이해가 요구된다.
흉유돌과 승모근, 쇄골은 얼굴과 몸을 연결해주는 중요한 구성요소이다.

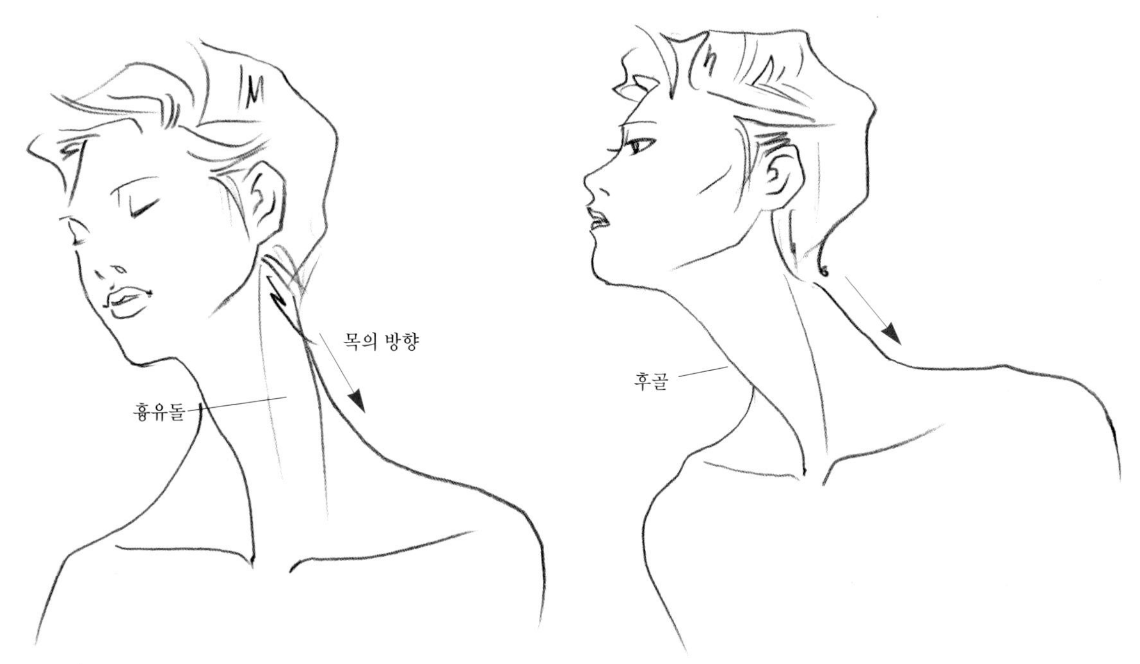

측면과 사면의 얼굴방향은 목선이 수직이 아닌 사선의 방향성을 보인다. 이 때 목 중심의 후골은 볼록한 곡선형을 이루며, 실제 여성의 후골보다 강조하여 표현되기도 한다.

목의 하단부는 승모근에 의해 완만한 사다리꼴을 이룬다.

목 뒤쪽은 7번 목뼈의 두드러짐으로 볼록한 곡선을 만들어낸다.

Hands & Arms

손과 팔 구조의 이해

손(Hands)

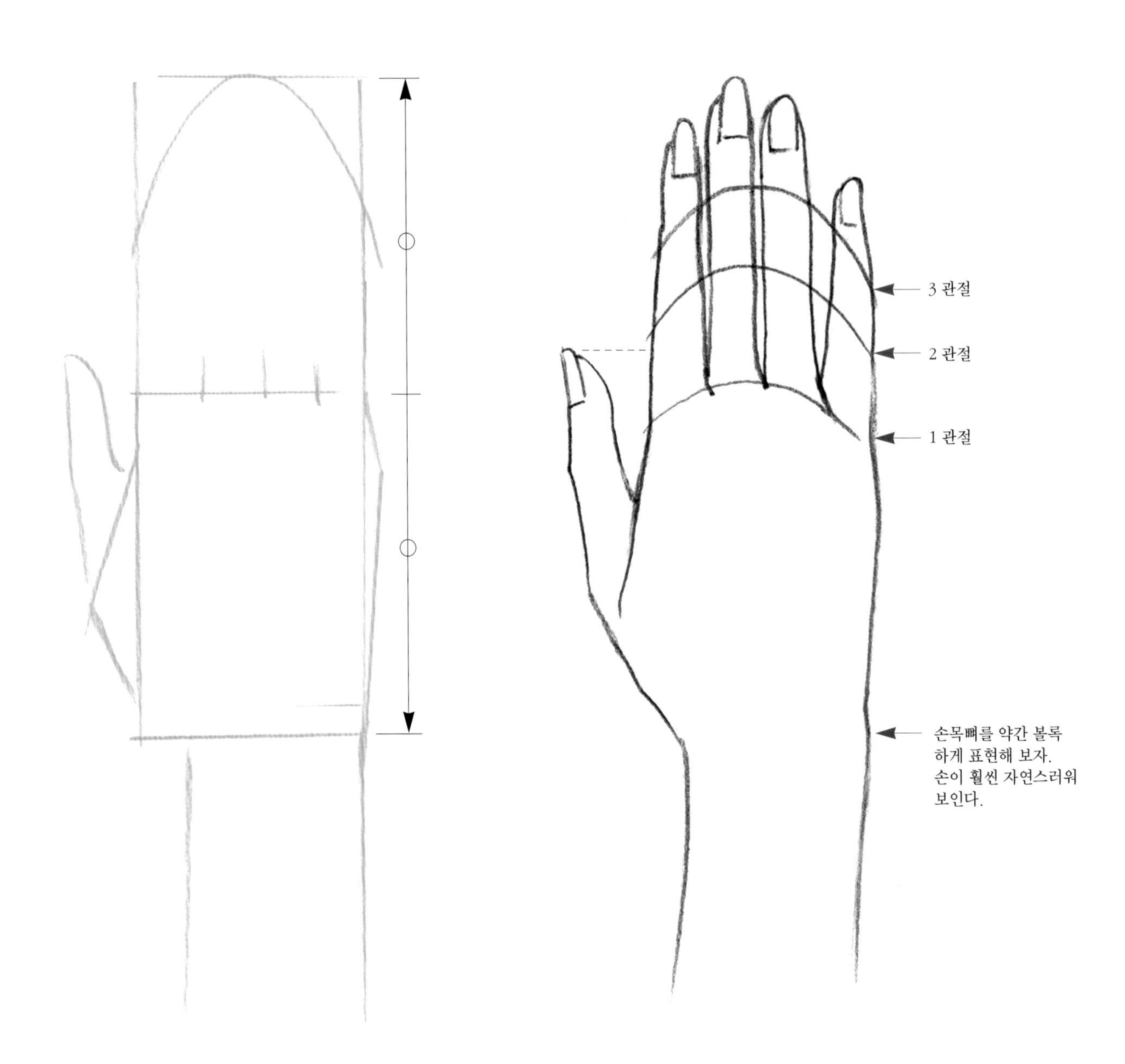

손등과 손가락의 비율은 대략 1:1의 비율을 보인다. 엄지손가락의 끝은 대략 손가락의 제1관절과 제2관절 사이에 위치한다.

몸을 그릴 때와 마찬가지로 손 역시 처음부터 세밀한 해부학적 형태에 얽매이지 않고 큰 도형으로 가이드라인을 그린 후 손가락묘사를 하는 것이 좋다.

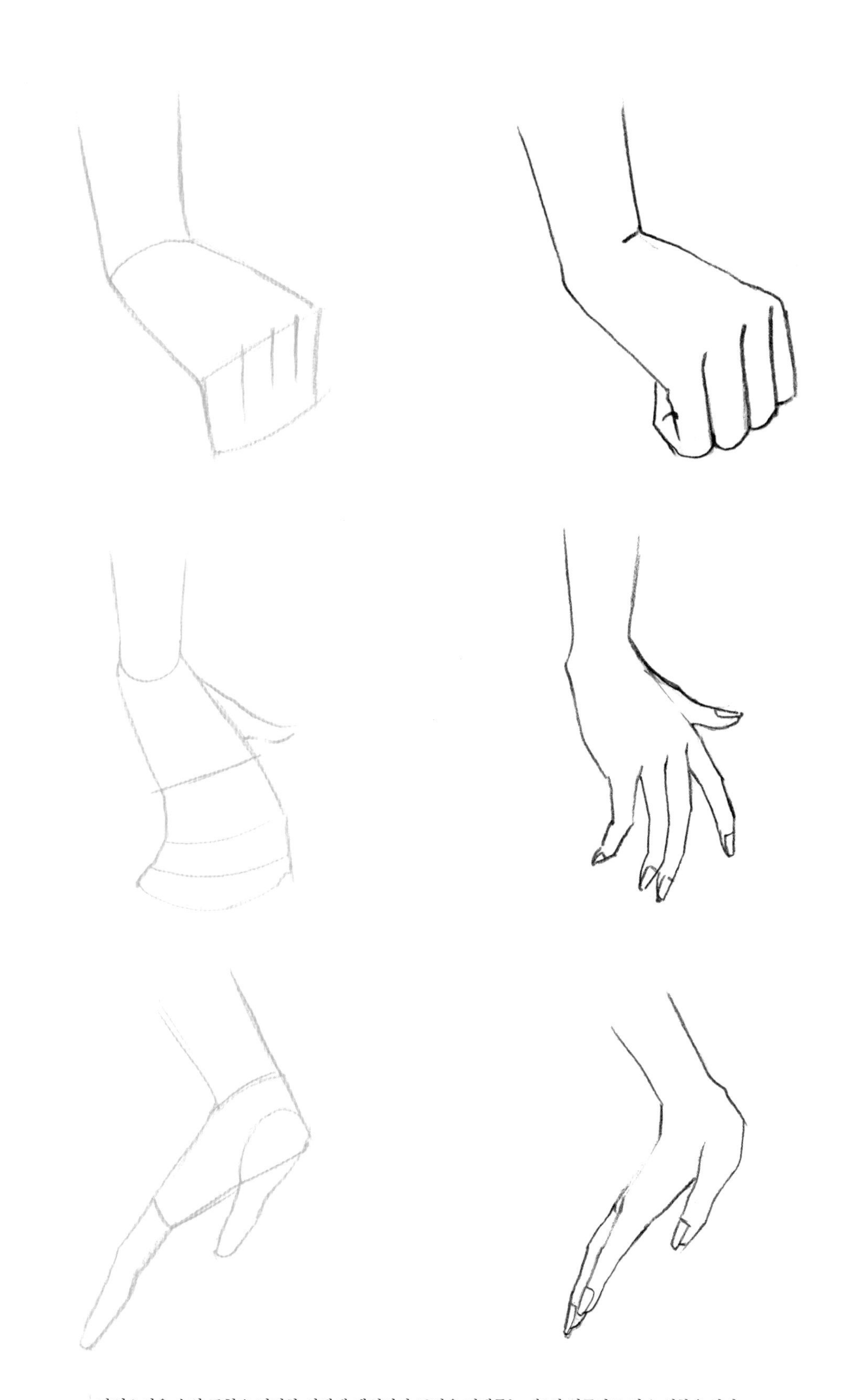

자연스러운 손의 표현은 밋밋한 인체에 개성적인 표정을 더해주는 제2의 얼굴과도 같은 역할을 한다.

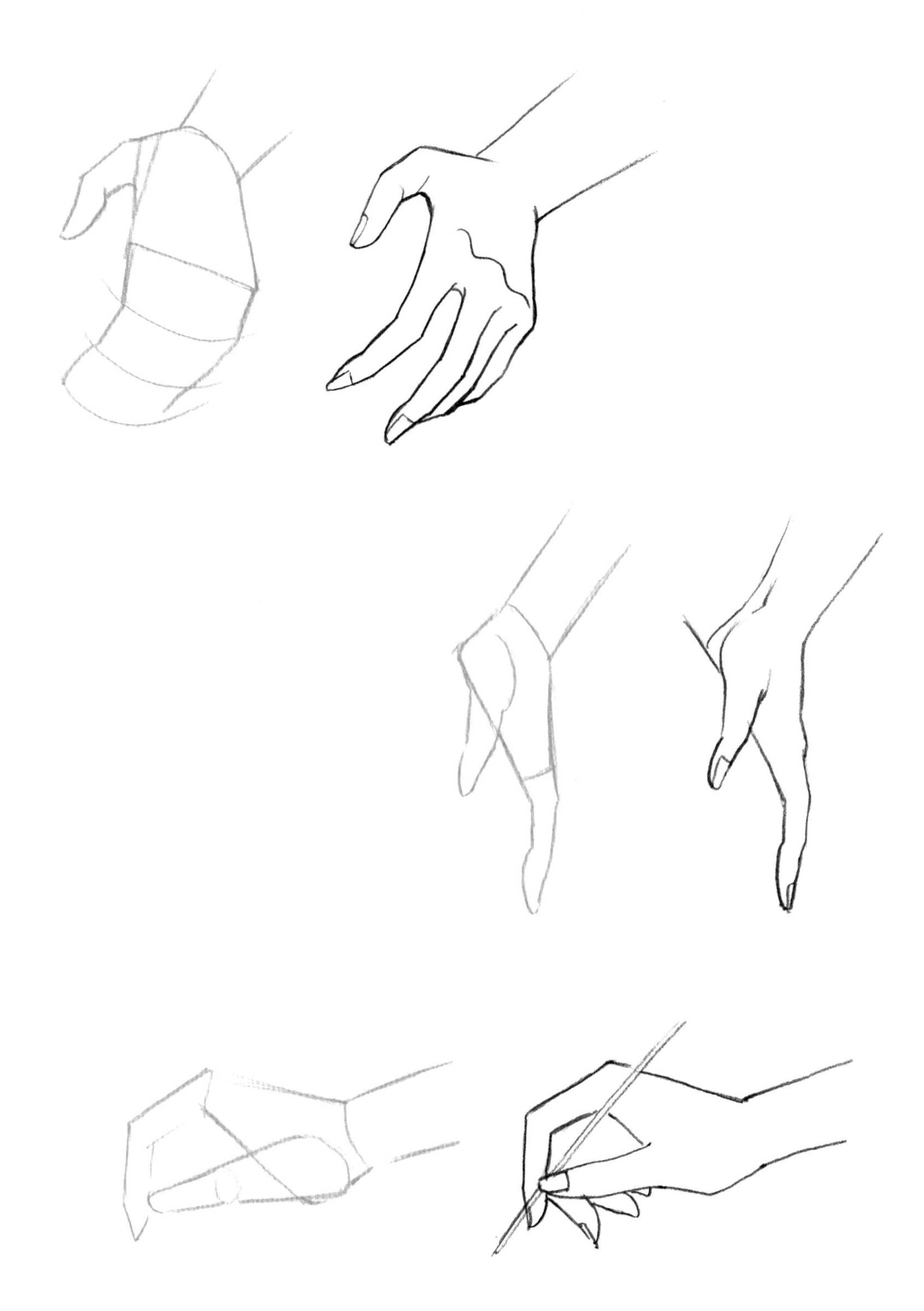

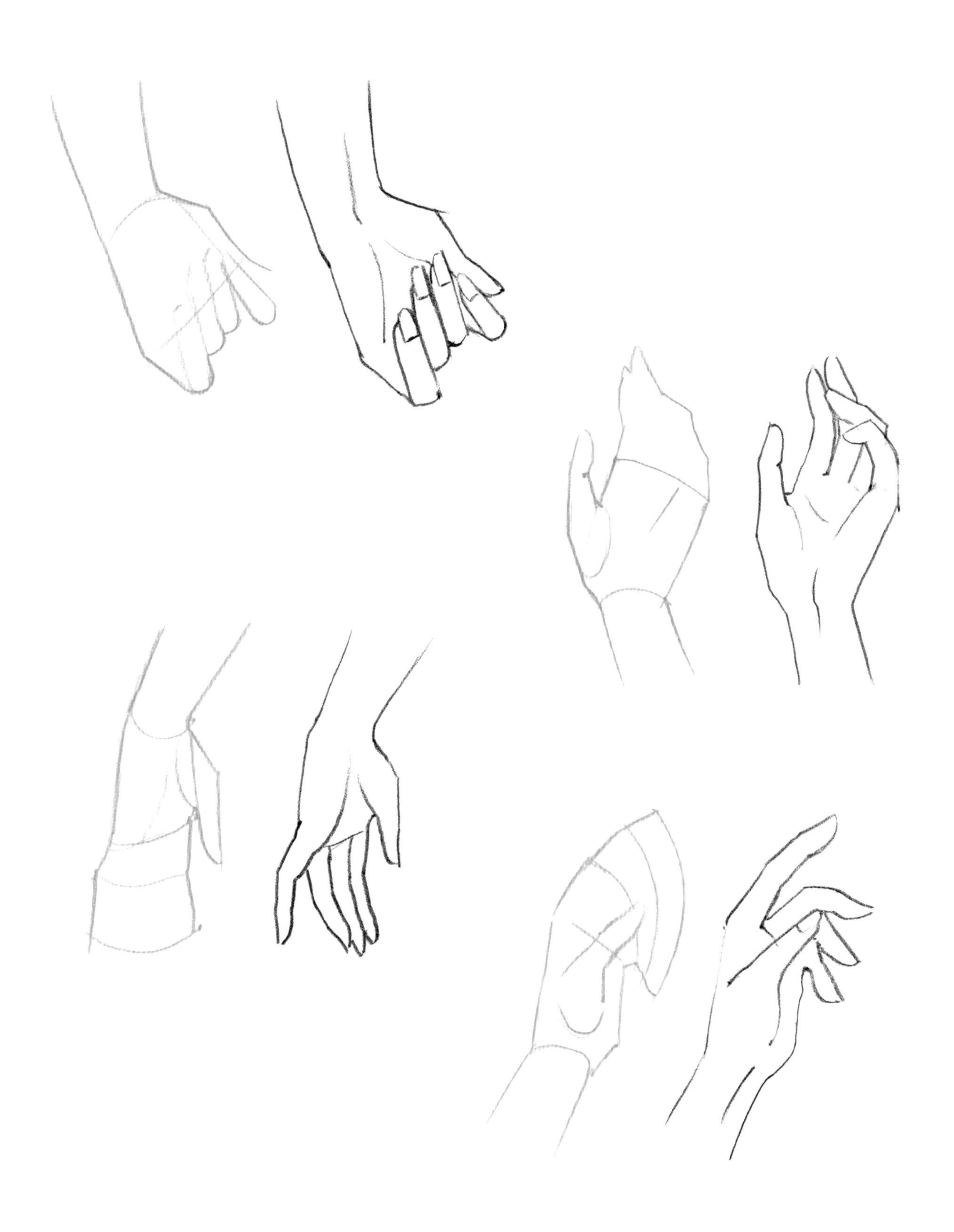

팔(Arms)

팔은 단단한 원통형이 아닌, 뼈와 근육으로 이루어진 곡면들의 집합으로 이루어져 있다. 주된 골격의 방향성과 근육의 형태감을 익혀 자연스러운 팔을 표현해 보자.

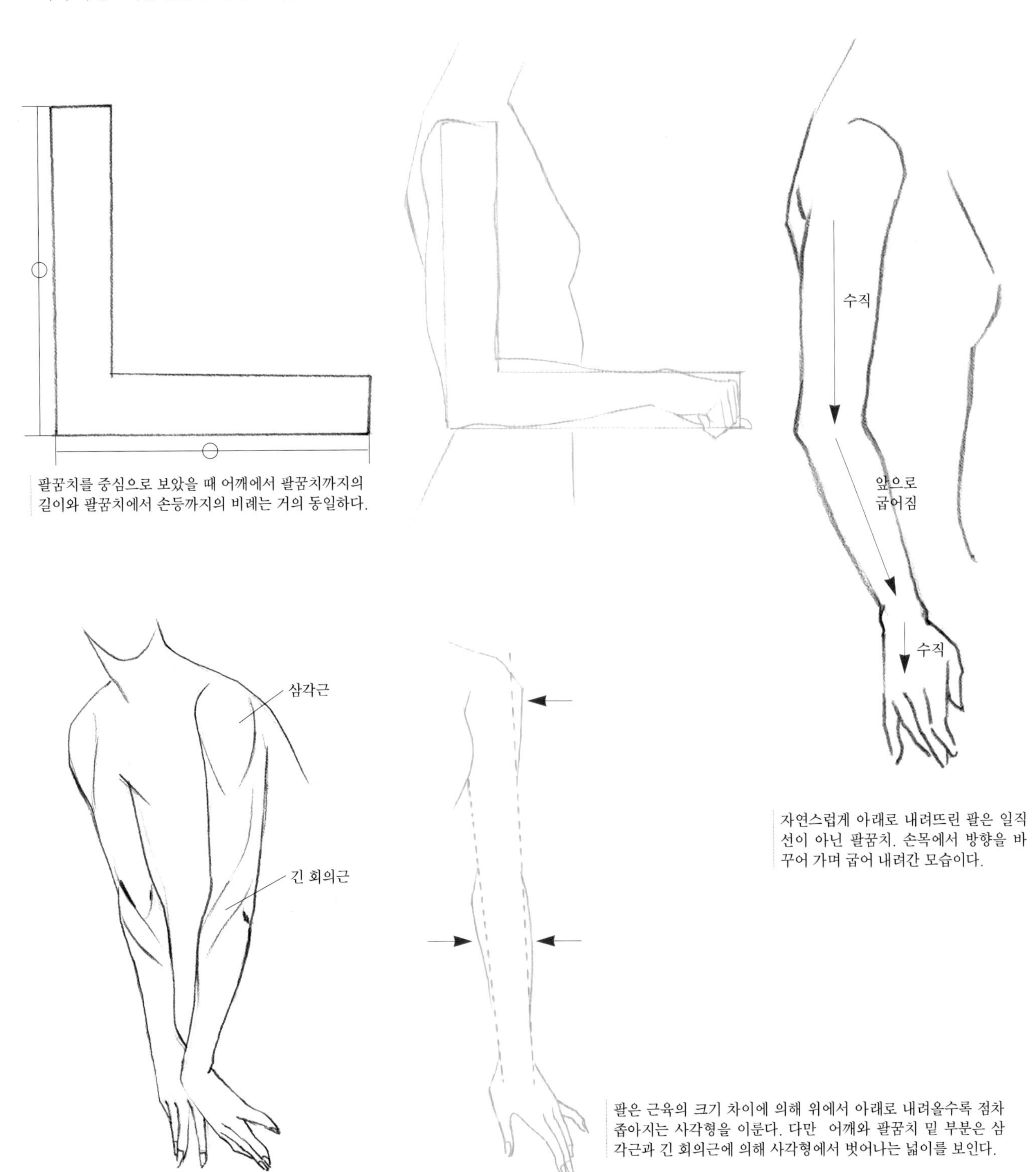

팔꿈치를 중심으로 보았을 때 어깨에서 팔꿈치까지의 길이와 팔꿈치에서 손등까지의 비례는 거의 동일하다.

자연스럽게 아래로 내려뜨린 팔은 일직선이 아닌 팔꿈치, 손목에서 방향을 바꾸어 가며 굽어 내려간 모습이다.

팔은 근육의 크기 차이에 의해 위에서 아래로 내려올수록 점차 좁아지는 사각형을 이룬다. 다만 어깨와 팔꿈치 밑 부분은 삼각근과 긴 회의근에 의해 사각형에서 벗어나는 넓이를 보인다.

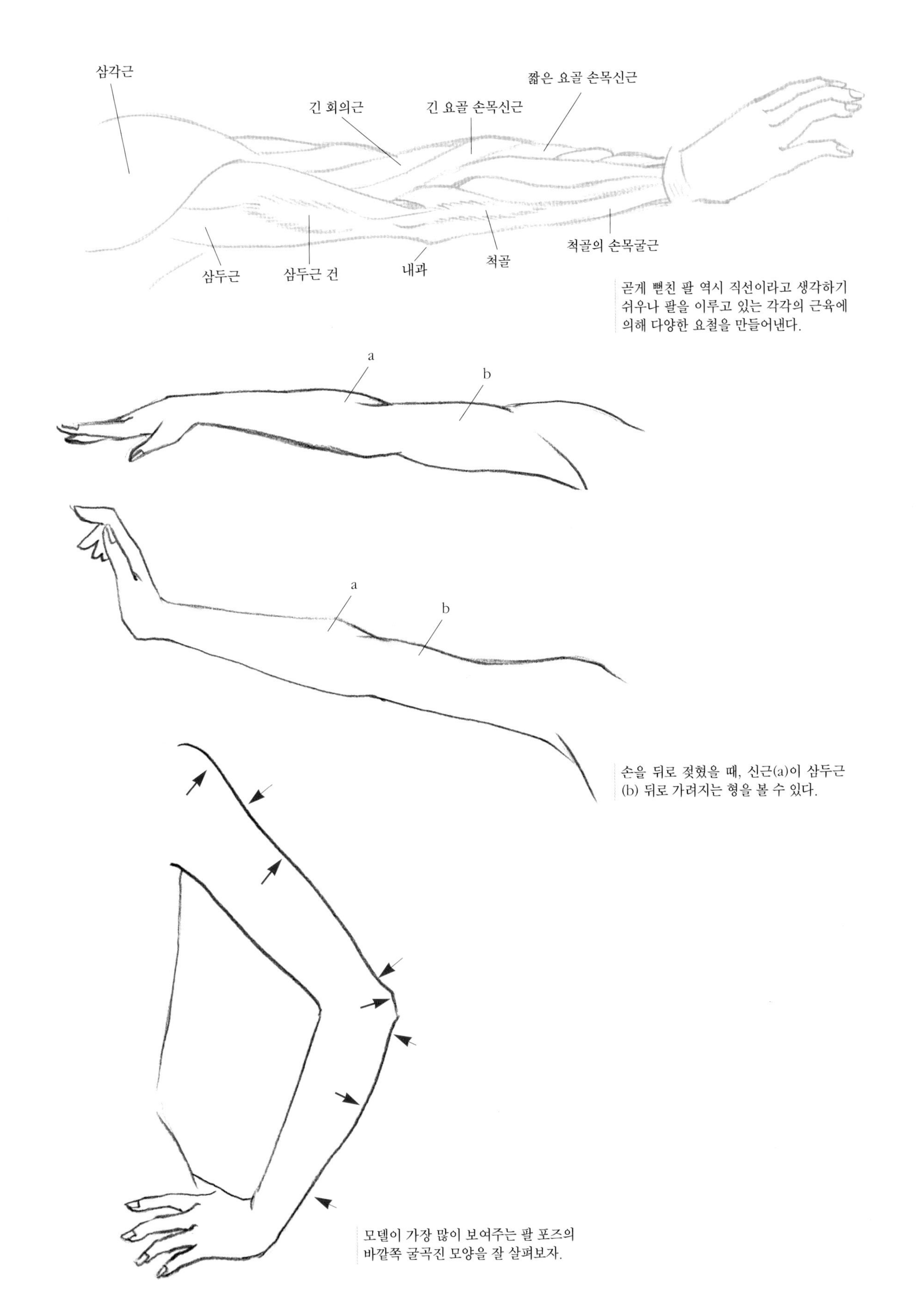

곧게 뻗친 팔 역시 직선이라고 생각하기 쉬우나 팔을 이루고 있는 각각의 근육에 의해 다양한 요철을 만들어낸다.

손을 뒤로 젖혔을 때, 신근(a)이 삼두근(b) 뒤로 가려지는 형을 볼 수 있다.

모델이 가장 많이 보여주는 팔 포즈의 바깥쪽 굴곡진 모양을 잘 살펴보자.

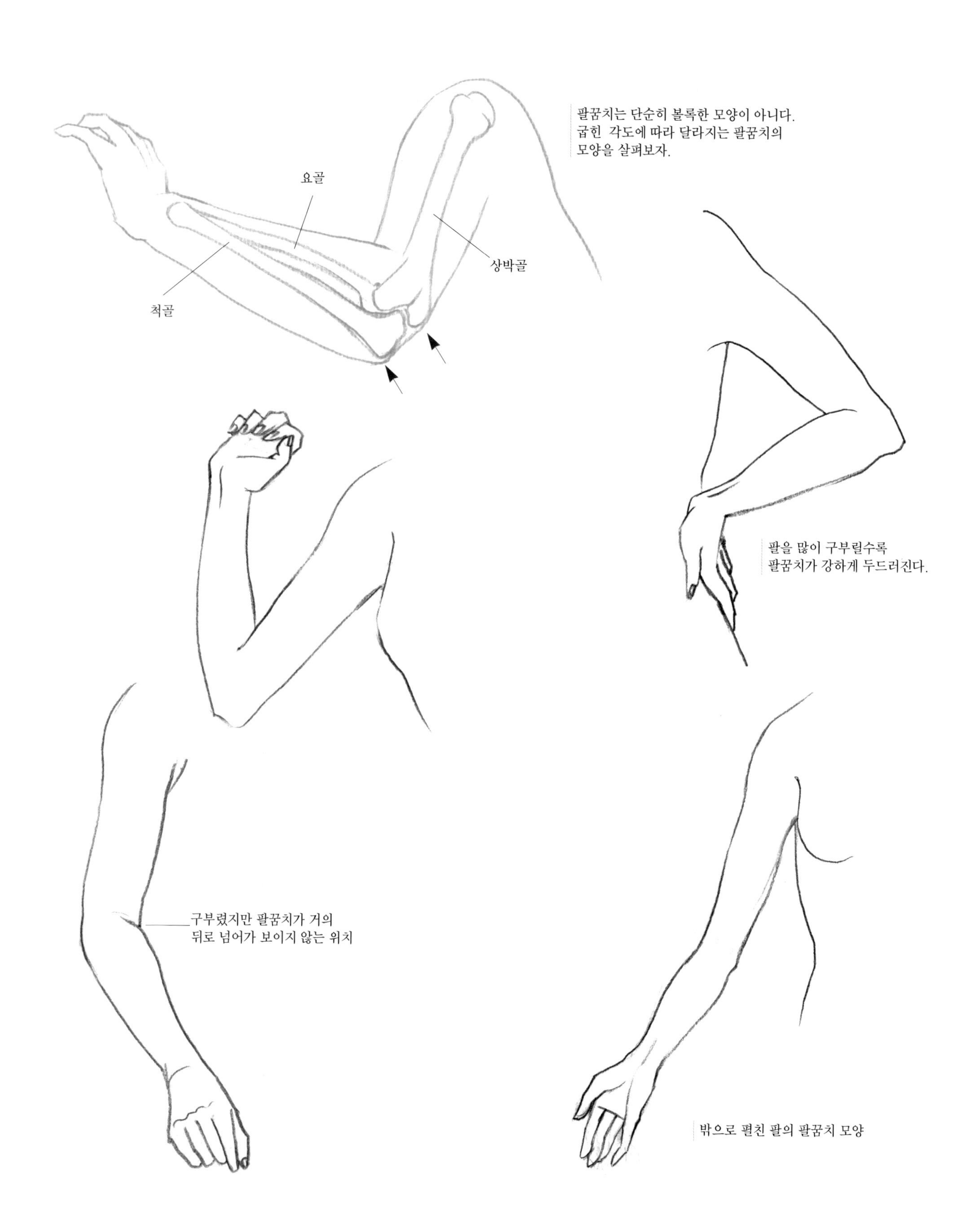
팔꿈치는 단순히 볼록한 모양이 아니다.
굽힌 각도에 따라 달라지는 팔꿈치의
모양을 살펴보자.
요골
상박골
척골
팔을 많이 구부릴수록
팔꿈치가 강하게 두드러진다.
구부렸지만 팔꿈치가 거의
뒤로 넘어가 보이지 않는 위치
밖으로 펼친 팔의 팔꿈치 모양

실수하기 쉬운 팔의 각도

엄지기 바깥쪽에 있으면 팔은 바깥으로 굽고 엄지가 안쪽으로 있으면 팔은 안으로 굽는다. 무리하게 힘을 줄 경우 이와 다를 수도 있지만 자연스러운 상태의 포즈는 이 법칙을 따른다.

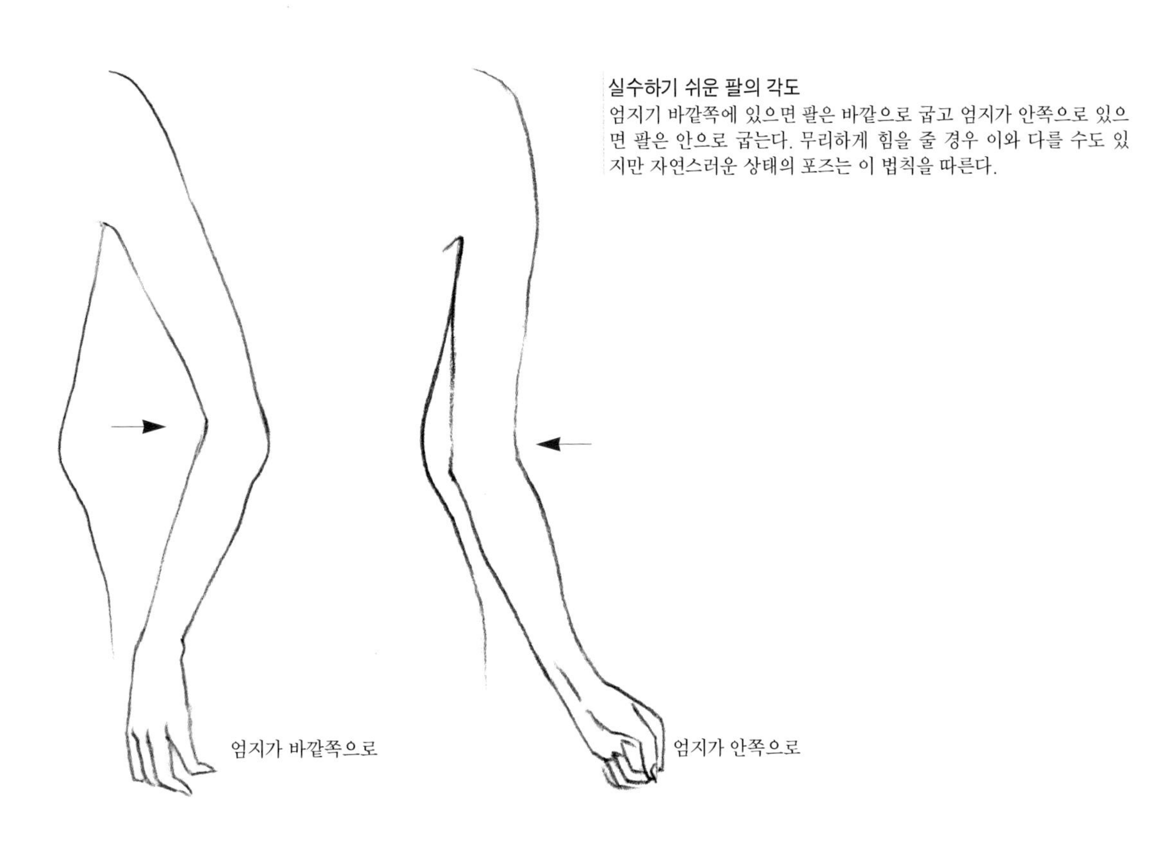

팔의 올린 포즈는 삼각근과 승모근의 형태변화가 심하게 나타나 어깨선이 거의 보이지 않게 된다. 이때 팔꿈치의 위치는 정수리에서 조금 올라간 곳에 놓이게 된다.

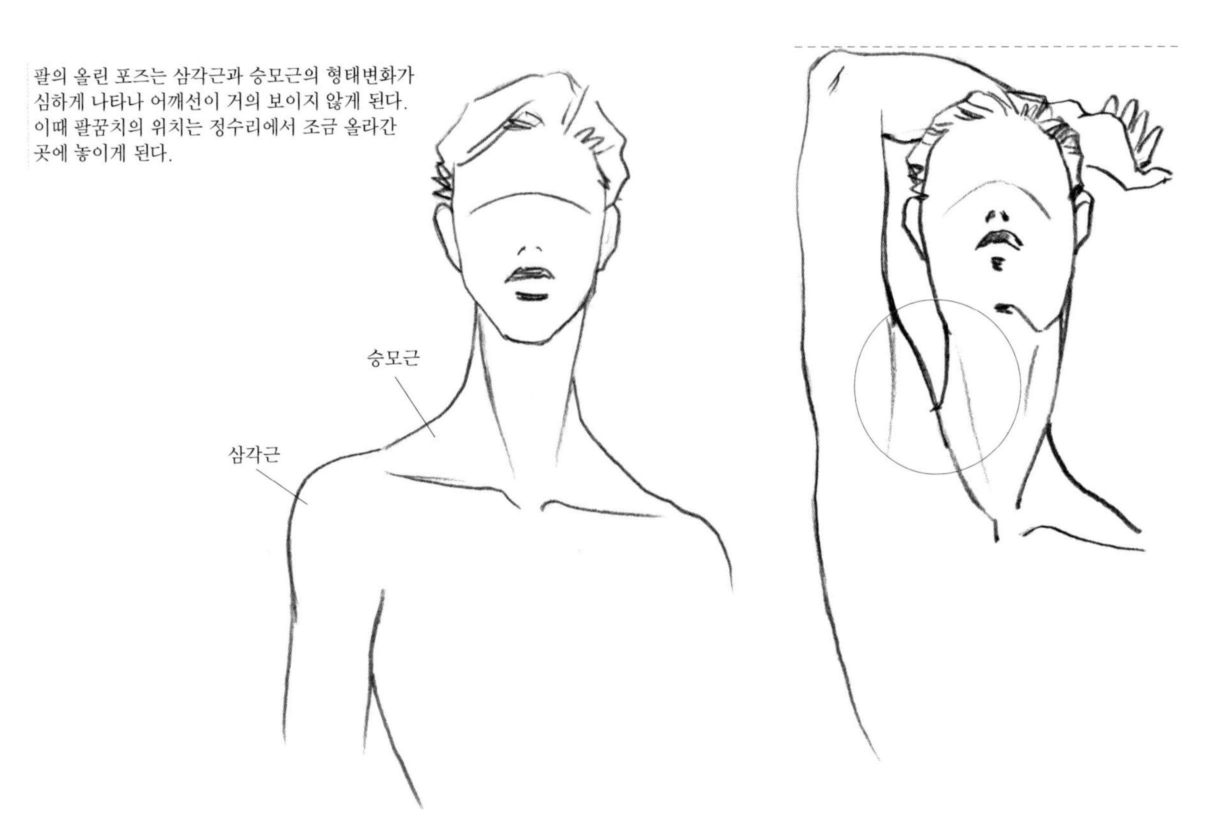

Feet & Legs

발과 다리 구조의 이해

발 (Feet) 발의 세부적인 형태에만 집중하면 발의 묘사가 점점 힘들어질 수 있다. 먼저 각 부위의 방향성을 숙지한 후, 세부 묘사를 한다.

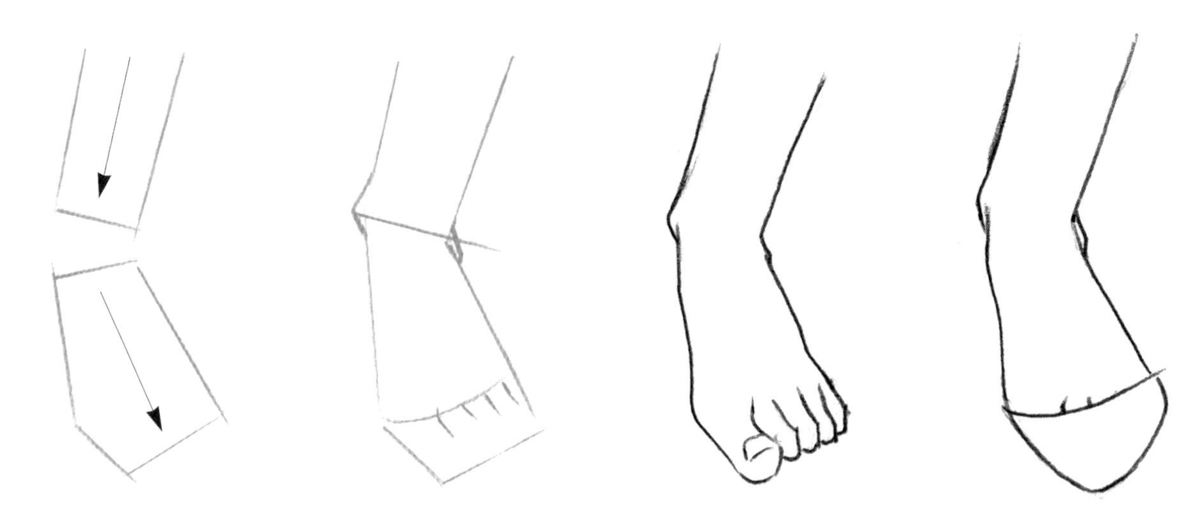

정면의 발은 다리와 발등이 일직선이 아닌 바깥으로 굽어진 형태를 취하며, 복숭아 뼈는 안쪽이 바깥쪽보다 높은 곳에 위치하고 있다.

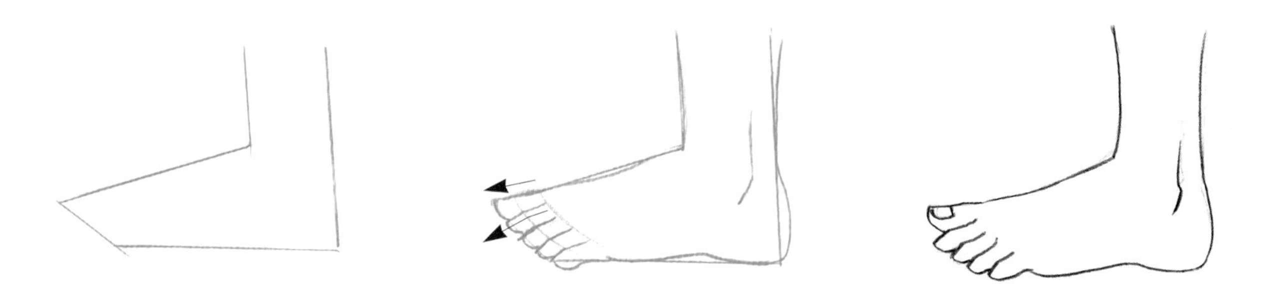

엄지발가락은 거의 직선형으로 표현되지만 , 나머지 발가락은 한번 씩 굽어진 형태로 그려주는 것이 자연스럽다.

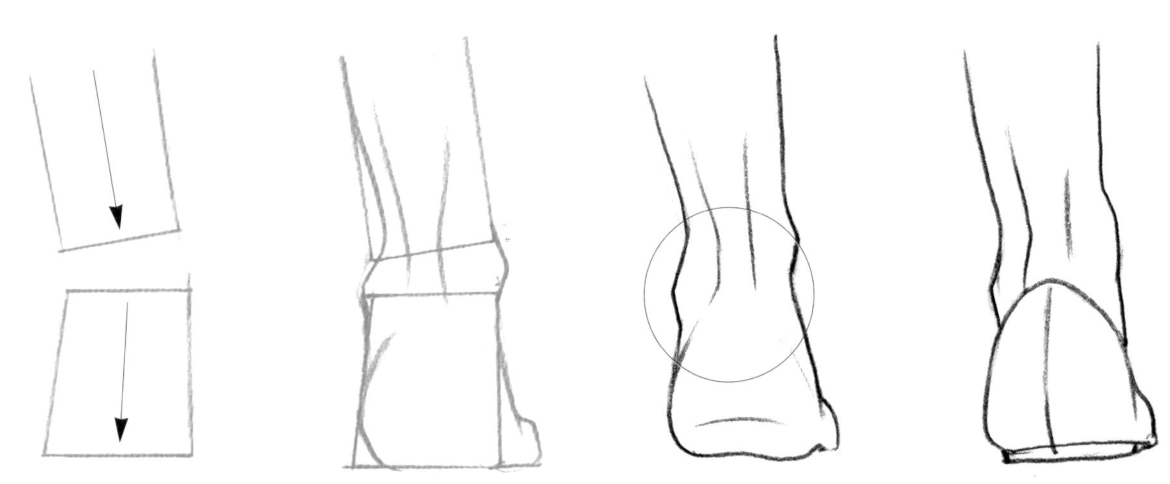

정면에서와 마찬가지로 발목에서 어긋난 발과 다리의 연결을 볼 수 있다. 아킬레스건과 뒤꿈치가 연결된 듯이 표현하면 한결 자연스럽게 보인다.

구두를 신은 발의 형태를 그릴 때 발바닥 부분의 움푹 패인 곳을 인지하는 것은 중요한 일이다. 구두를 좀 더 편안하고, 자연스럽게 보이도록 해 준다.

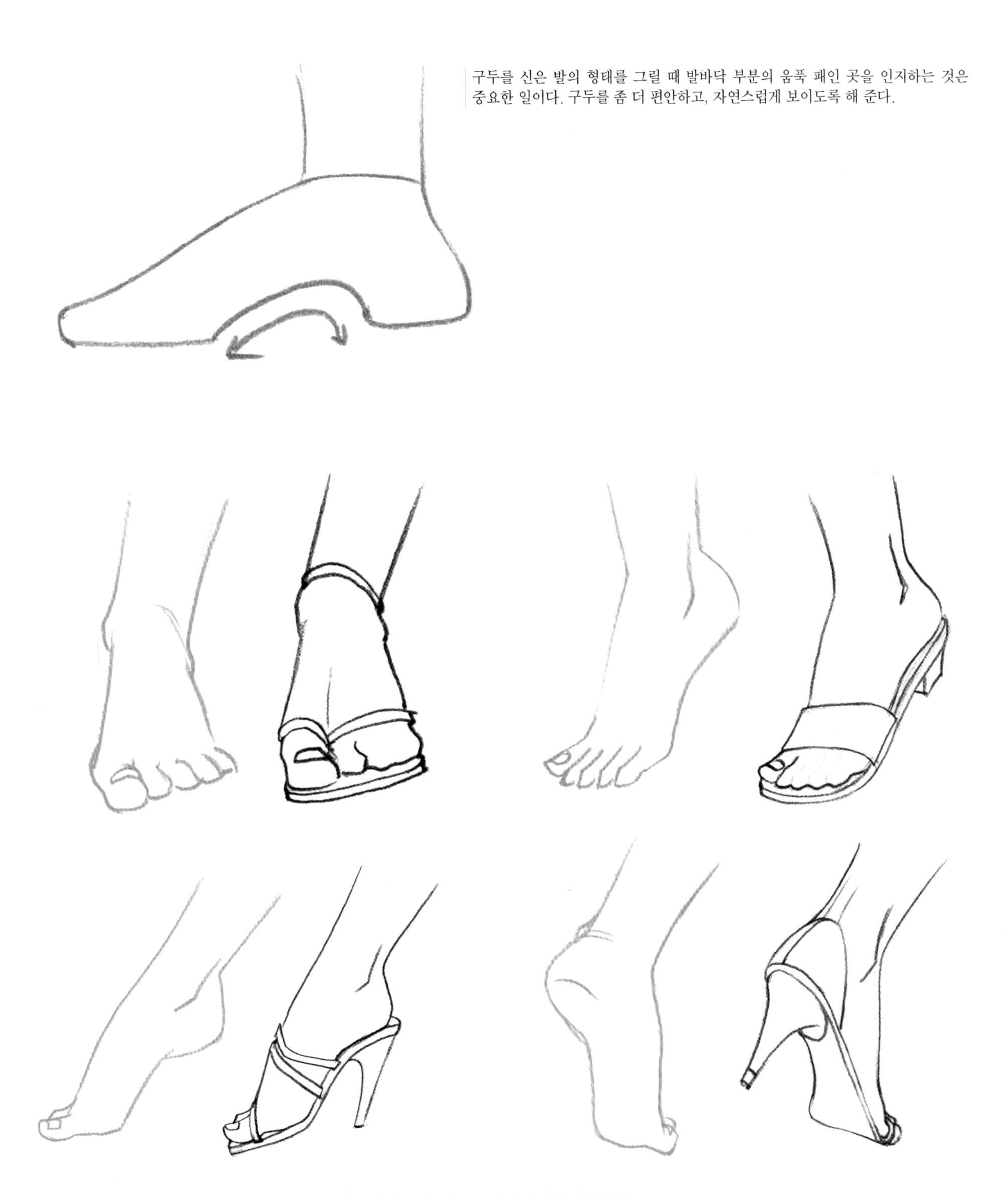

하이힐을 신으면 발등이 불룩하게 튀어나온다.

다리 (Legs)

다리는 상반신과 함께 몸의 자세를 만들어내는 기둥 같은 역할을 하는 중요한 부위이다. 골격과 근육에 의한 각 부위의 구성원리를 인지하고 형태묘사를 한다.

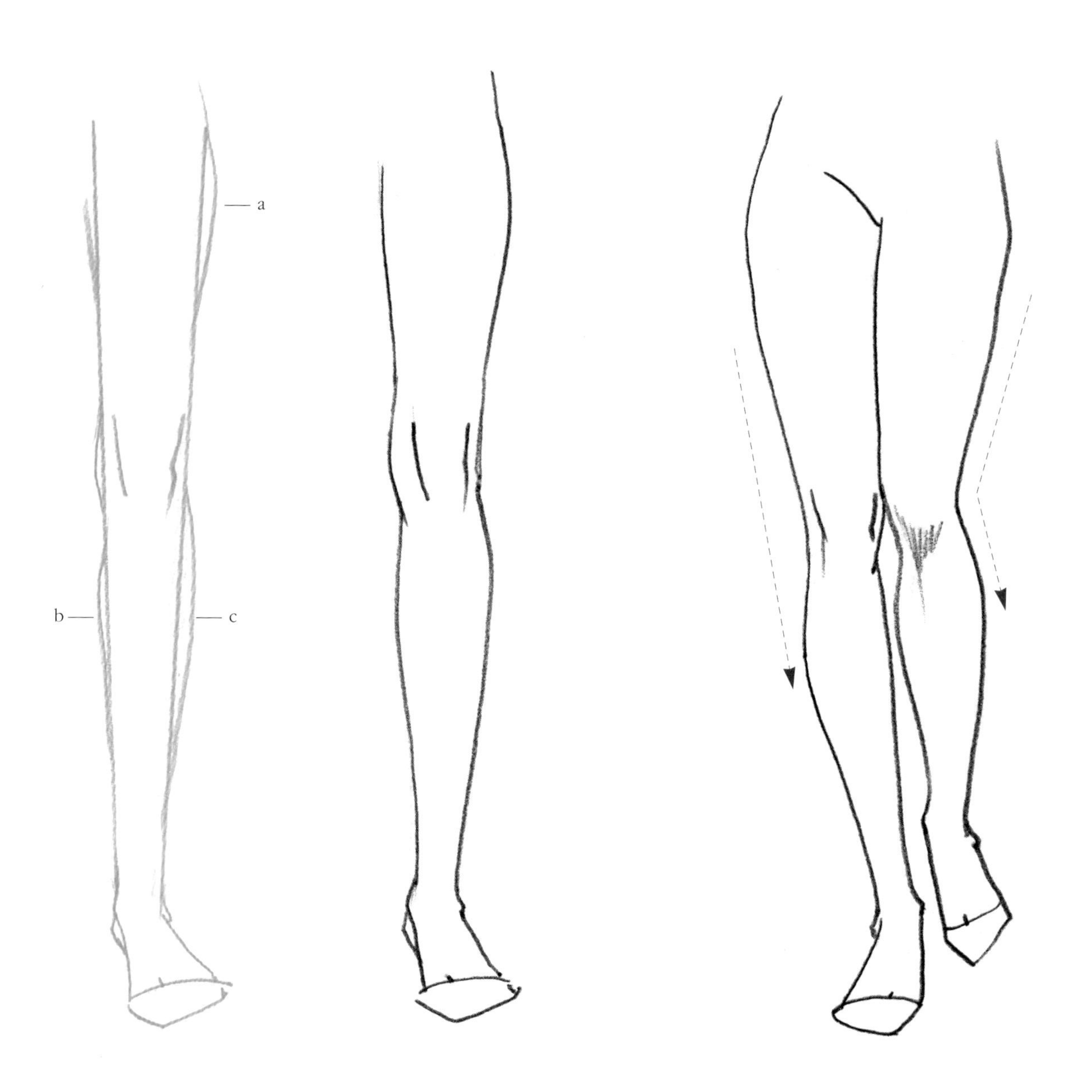

다리도 팔과 마찬가지로 아래로 내려올수록 좁아지는 긴 사각형의 기본형을 보인다. a는 골반에 의해, b와 c는 비복근에 의해 생기는 곡선인데, 안쪽인 b가 c에 비해 좁고 작게 나와 있다.

모델의 워킹 포즈를 보면 이러한 다리의 굴곡은 굽혀진 다리 쪽의 곡선변화가 더 심하게 나타나는 것을 알 수 있다.

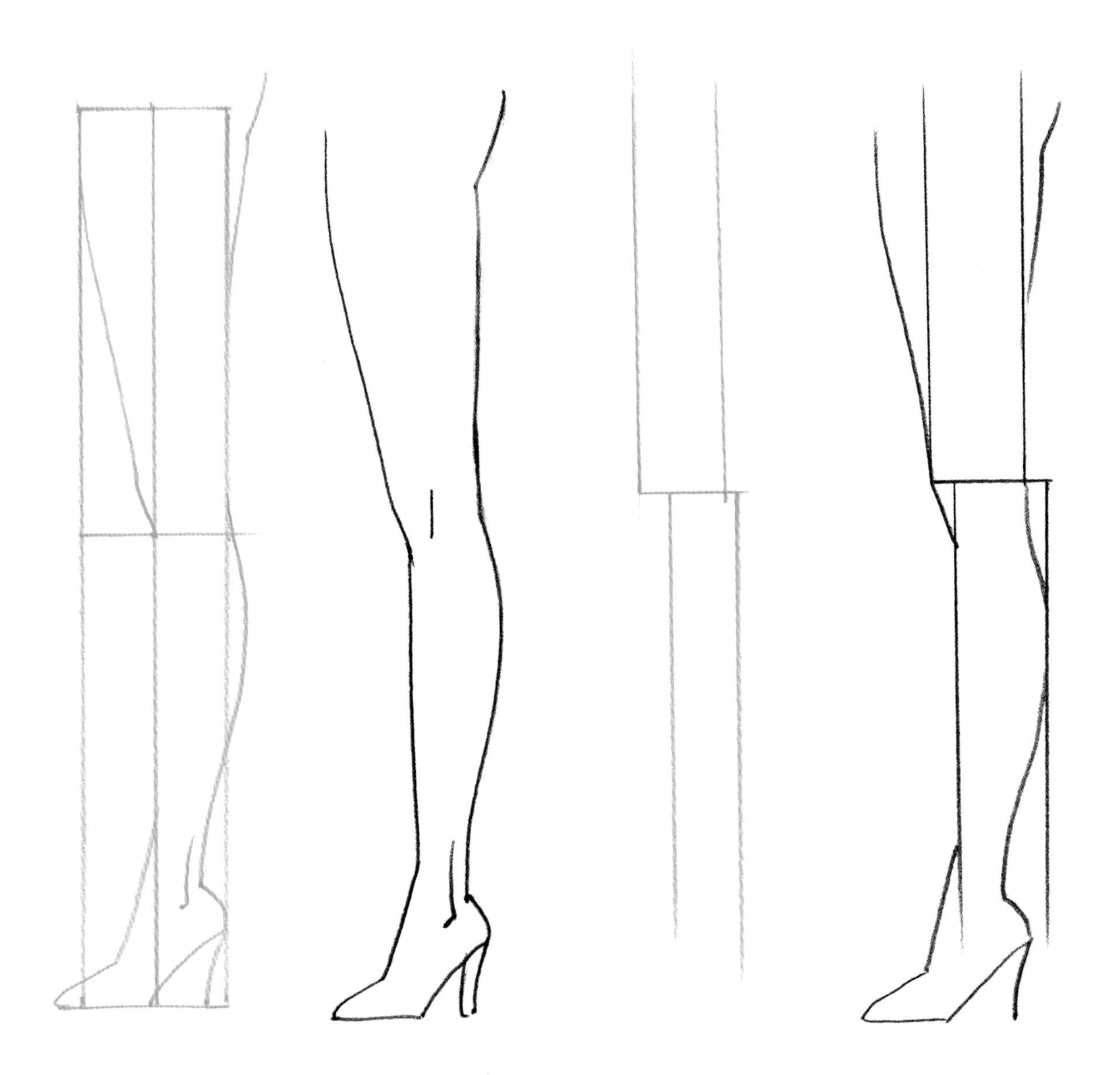

다리의 옆면을 해석하는 두 가지 방식을 살펴보자. 일반적으로 무릎은 전체 다리의 중심에서 조금 위쪽에 위치하지만 패션 일러스트레이션에서는 이보다 더 위로 올라가도 무방하다.

인체의 대부분의 접합부분에서 볼 수 있듯이 다리도 무릎을 경계로 위와 아래가 어긋나 있다.

팔, 다리, 손, 발은 모두 일직선상에 그려지지 않는다는 사실을 꼭 숙지하자.

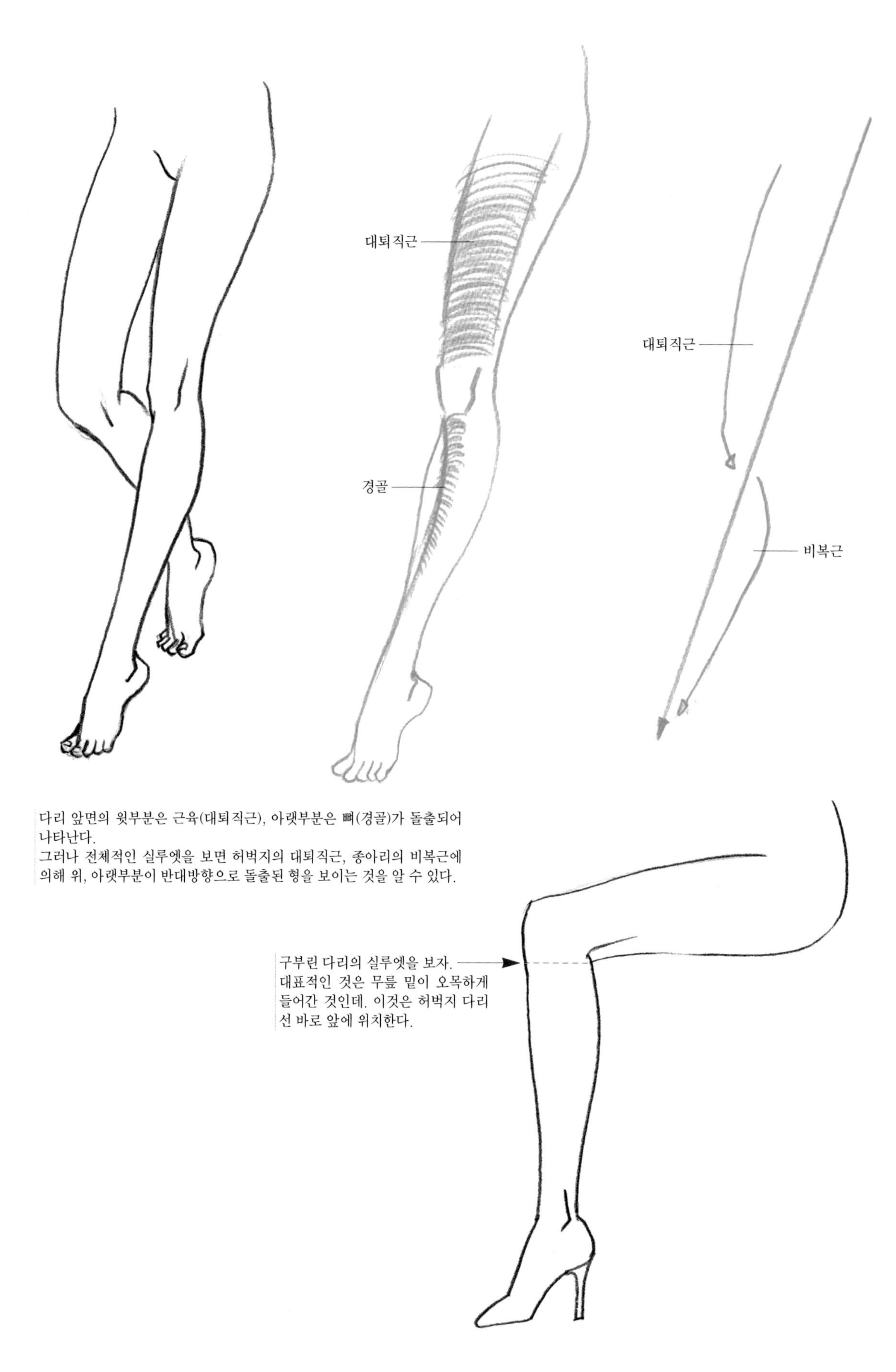

다리 앞면의 윗부분은 근육(대퇴직근), 아랫부분은 뼈(경골)가 돌출되어 나타난다.
그러나 전체적인 실루엣을 보면 허벅지의 대퇴직근, 종아리의 비복근에 의해 위, 아랫부분이 반대방향으로 돌출된 형을 보이는 것을 알 수 있다.

구부린 다리의 실루엣을 보자. 대표적인 것은 무릎 밑이 오목하게 들어간 것인데, 이것은 허벅지 다리선 바로 앞에 위치한다.

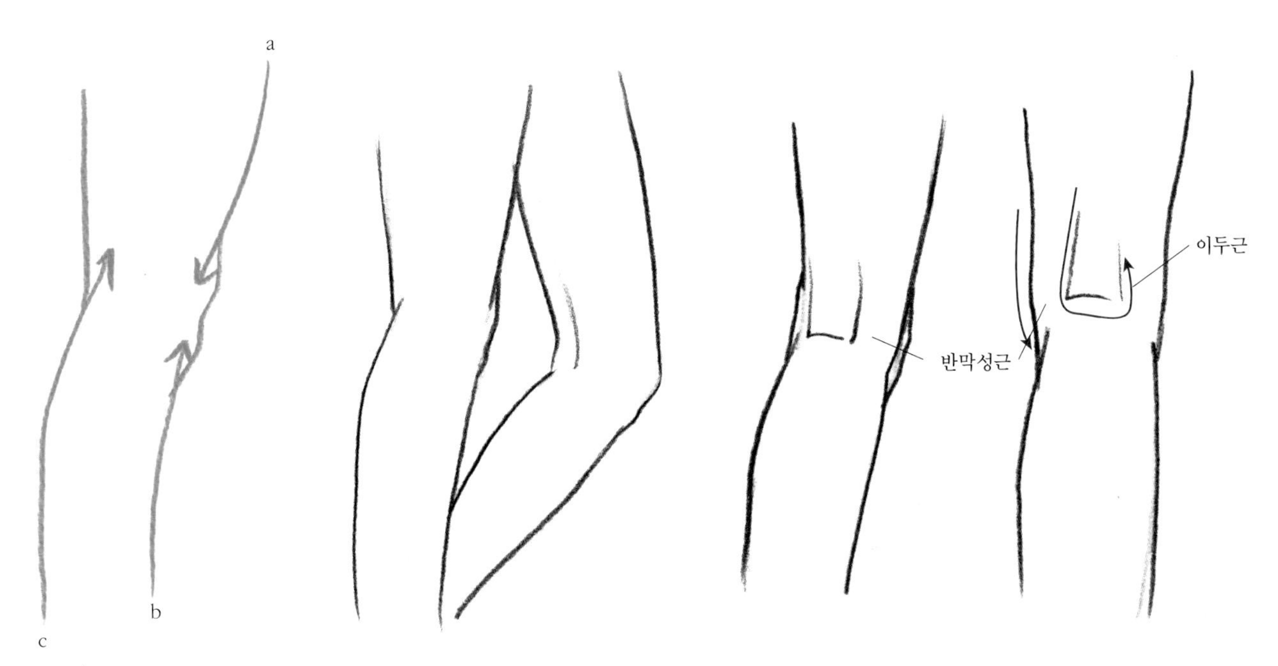

무릎과 종아리 부분의 외곽선의 흐름을 잘 관찰하자. a와 b가 서로 무릎 안쪽을 향해 들어가며 c는 아래에서 위쪽 안을 향해 사라진다. 시선이 앞에서 뒤로 이동될 때 무릎의 모양이 어떻게 변해 가는지 살펴보자.

뒤에서 본 다리의 묘사
(Back of Legs)

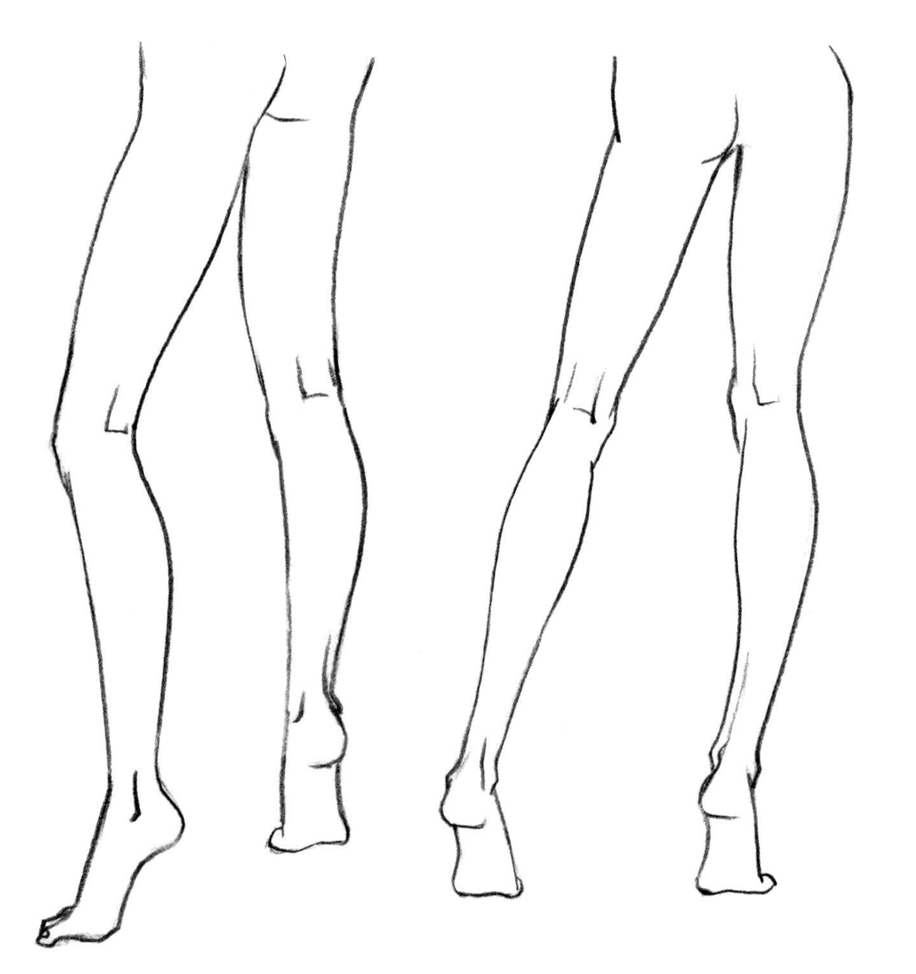

Bodies 1

정면의 표현

정면 (Front View)

인체는 뼈와 근육을 기초로 하여 그 형체를 이룬다. 개성이 강한 캐릭터를 그리고 싶다고 해도 뼈와 근육에 대한 이해가 전무하다면 설득력이 없는 모델을 가지게 되는 것이다.

인체는 206개의 뼈로 구성되어 있다. 특히 척추는 몸의 정 가운데 기둥처럼 수직으로 위치하며 다른 모든 뼈들을 응집시키고 제자리를 잡도록 하는 중추적인 역할을 한다. 뼈의 위쪽은 다시 근육으로 덮이지만 밖으로 드러나는 몇 개의 뼈들(색으로 표시된 부분)은 인체를 그릴 때 주요한 디테일로 적용된다.

뼈는 인체가 움직여도 자체의 형태를 유지하지만 근육은 움직임에 따라 길이와 두께를 다르게 한다. 근육 또한 뼈들과 마찬가지로 신체의 중심선에서 바깥쪽으로 뻗어나가는 형상을 보이는데 근육을 덩어리로 이해하는 것은 인체를 구성지게 그리는 데 도움이 된다.

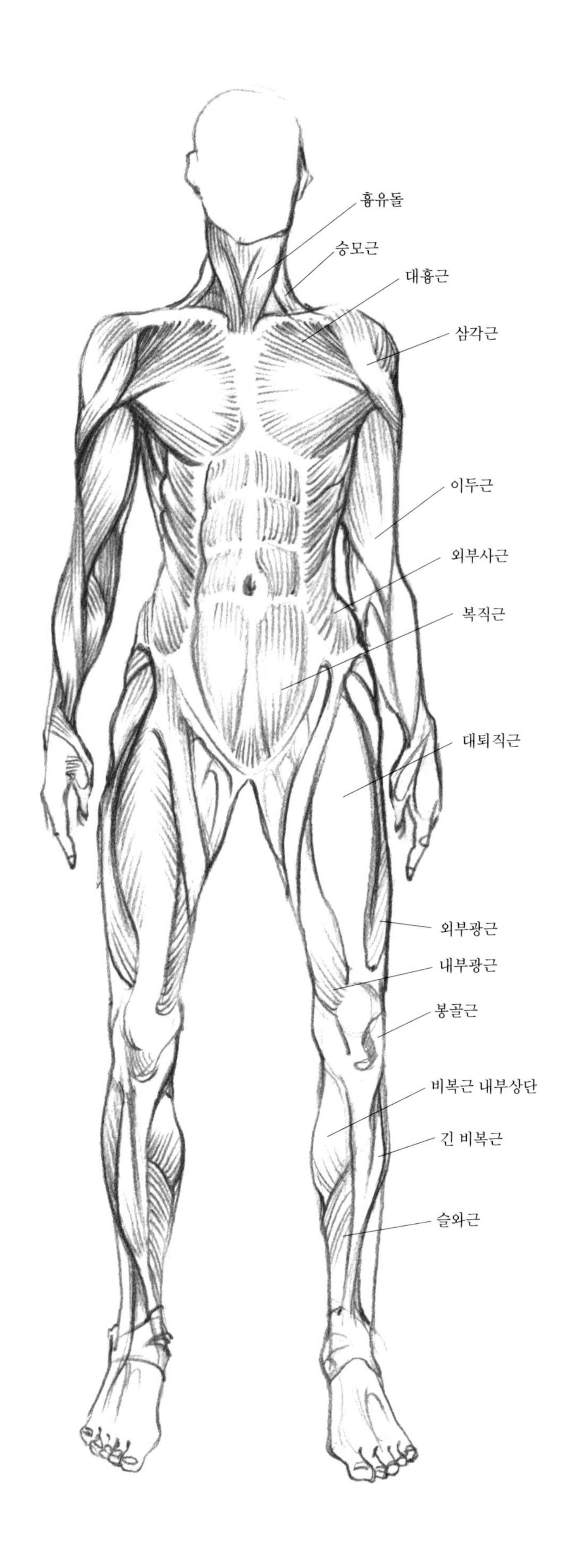

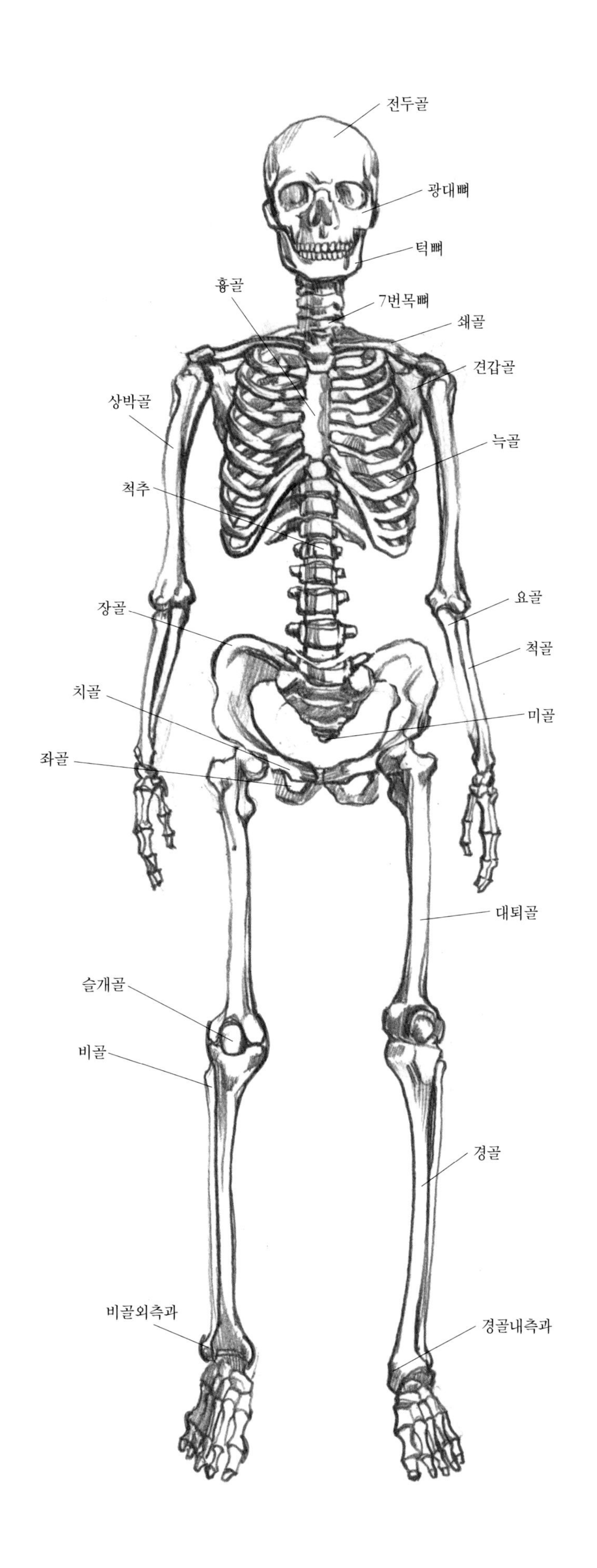
전두골
광대뼈
턱뼈
흉골
7번목뼈
쇄골
견갑골
상박골
늑골
척추
요골
장골
척골
치골
미골
좌골
대퇴골
슬개골
비골
경골
비골외측과
경골내측과

정면을 그리는 순서
(Order of Front View)

인체의 프로포션은 유행이나 개인의 감각에 따라 달라지지만, 여기에서는 실제 인체의 이상적인 기본이 되는 8등신에 맞추어 비례와 표현을 알아보고자 한다. 이때 신체 각 부위의 기초부위를 알아두면 신속하게 인체를 그릴 수 있다. (어깨 $1\,^{2}/_{5}$, 유두 2, 허리 3, 가랑이 4, 무릎 $5^{1}/_{2}$)

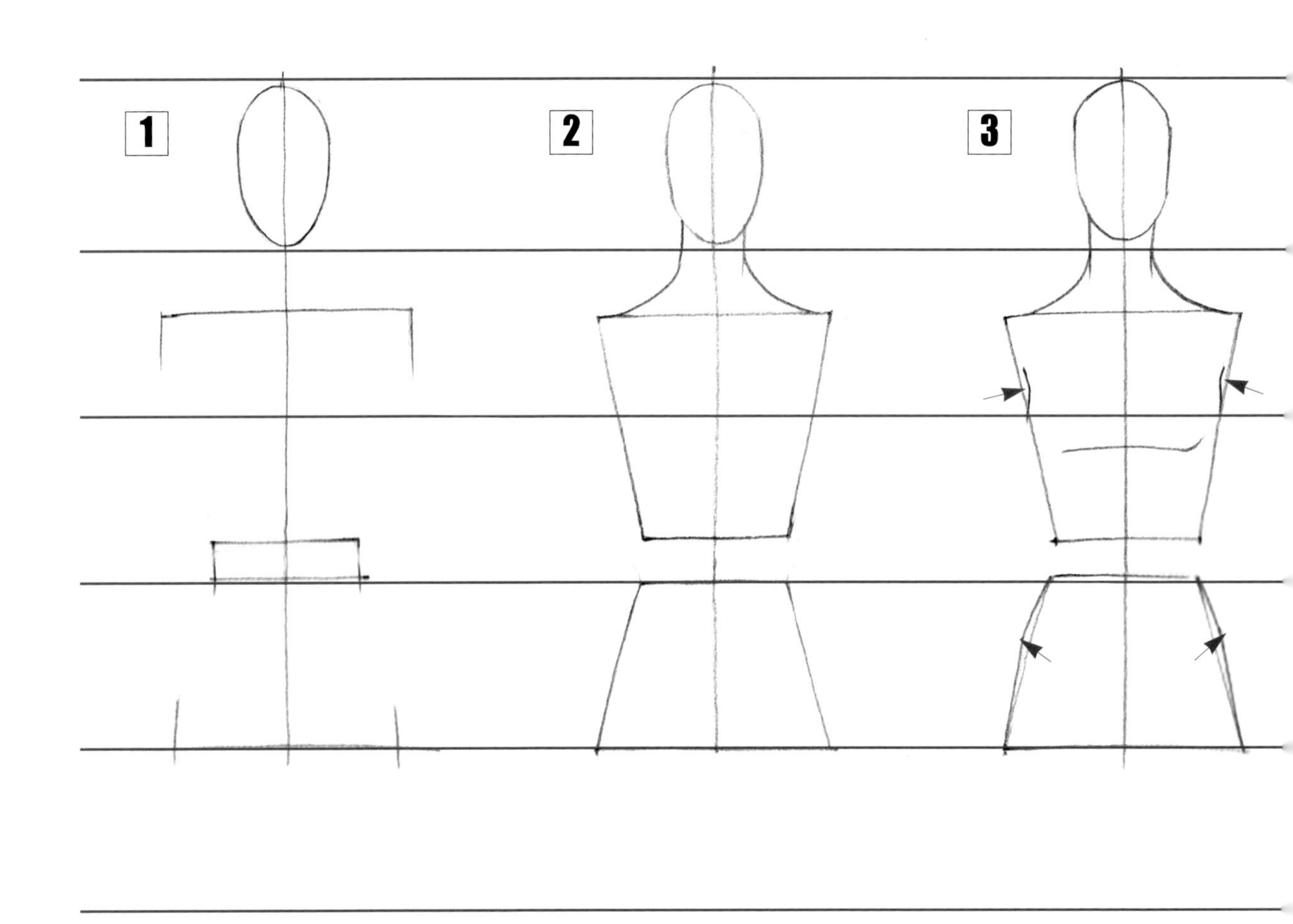

1. 중심선을 그리고 어깨와 허리, 골반의 위치를 잡는다. 이때, 골반의 넓이는 어깨보다 좁다.
2. 어깨와 목을 연결한다. 승모근에 의해 목의 하단이 사다리꼴을 이루며, 늑골과 골반의 선 역시 서로를 마주보는 사다리꼴의 형태를 보인다.
3. 가슴과 골반의 세부적인 선을 그리는데, 가슴 윗부분은 사다리꼴에서 오목하게 들어가며, 골반은 장골에 의해 볼록하게 나온 선으로 표현된다.
4. 손과 무릎, 발의 위치를 잡는다.
5. 팔꿈치는 허리와 비슷한 선상에 위치하나 팔을 들어 올릴수록 팔꿈치 역시 상단으로 올라간다. 손, 팔, 발 등 세부적인 형태를 완성하며, 흉유돌과 쇄골 역시 반드시 그려준다
6. 완성

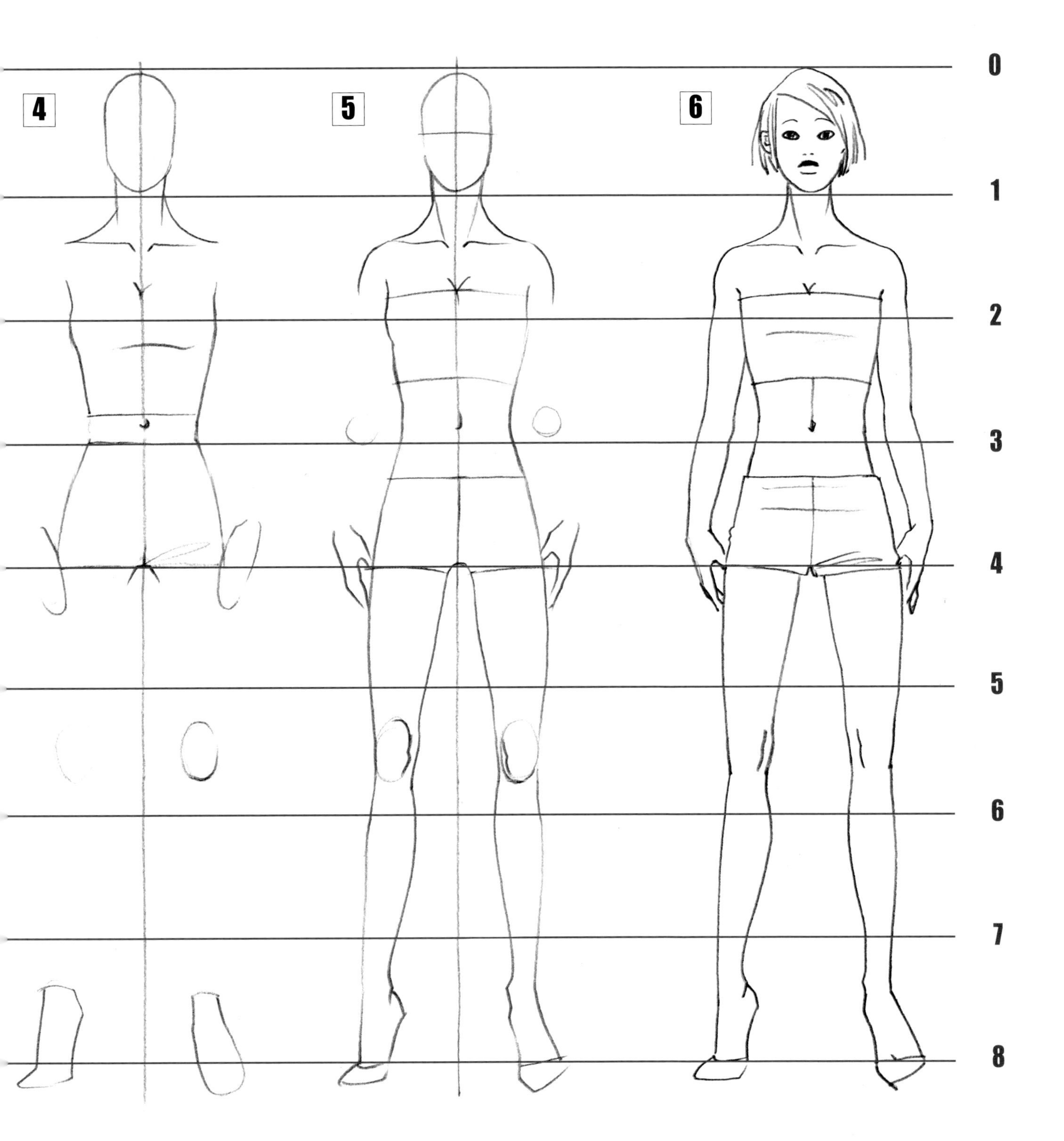
4
5
6
0
1
2
3
4
5
6
7
8

패션 형체의 비례
(Proportion of the Fashion Body)

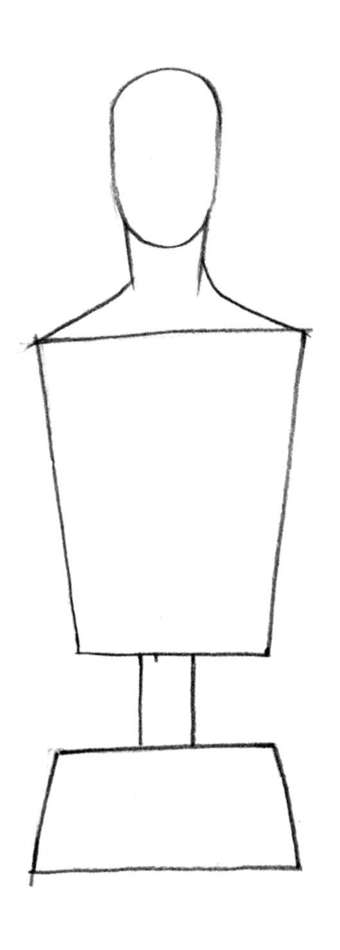

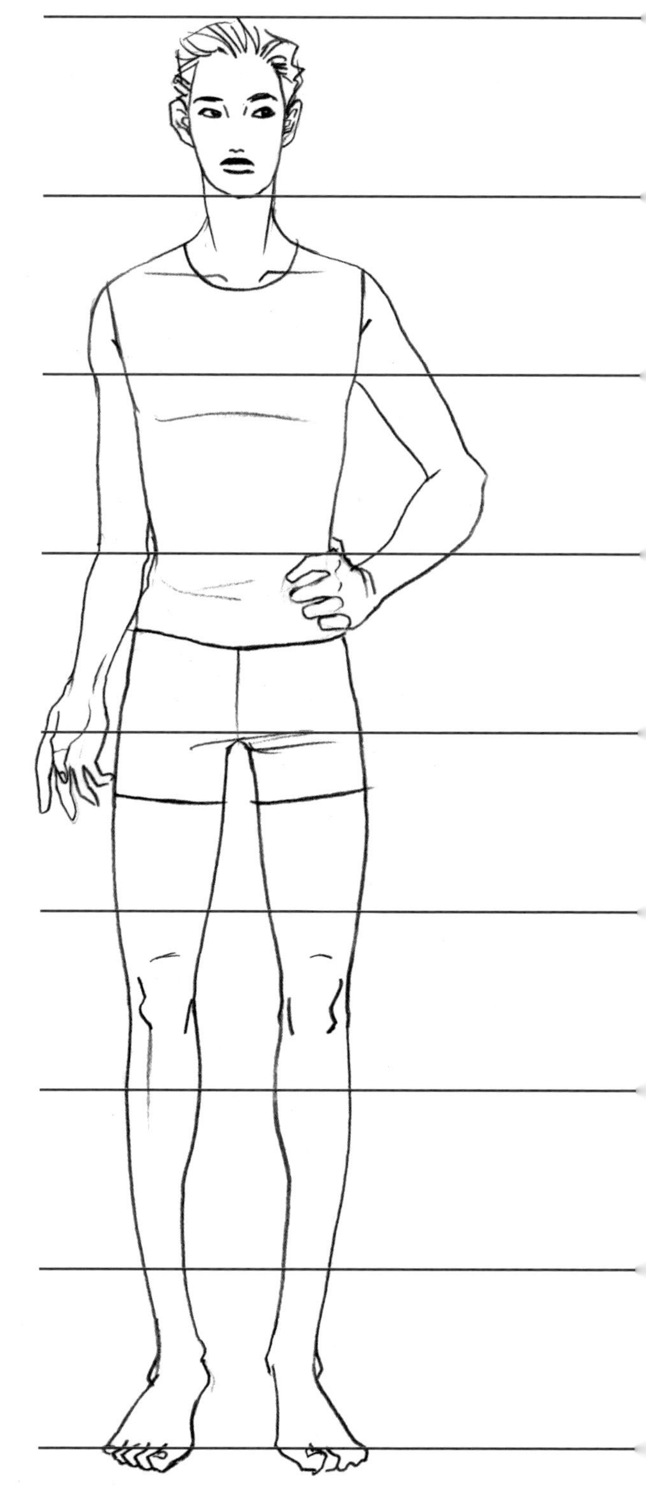

남성의 신체

상반신 : 길이가 길고 넓은 뒤집어진 사다리꼴
골반 : 직선적이고 납작한 사다리꼴

남성 신체의 비례는 여성과 크게 다르지 않으나 어깨의 폭이 더 넓고 여성형체에 비해 허리의 굴곡이 완만해 비교적 뭉뚝한 실루엣을 이룬다.
허리의 위치가 여성에 비해 하단부에 위치하여 상대적으로 길고 굵은 상반신과 짧은 골반을 가지게 된다.
이러한 특징들을 회화적으로 더욱 강조하여 표현된다.

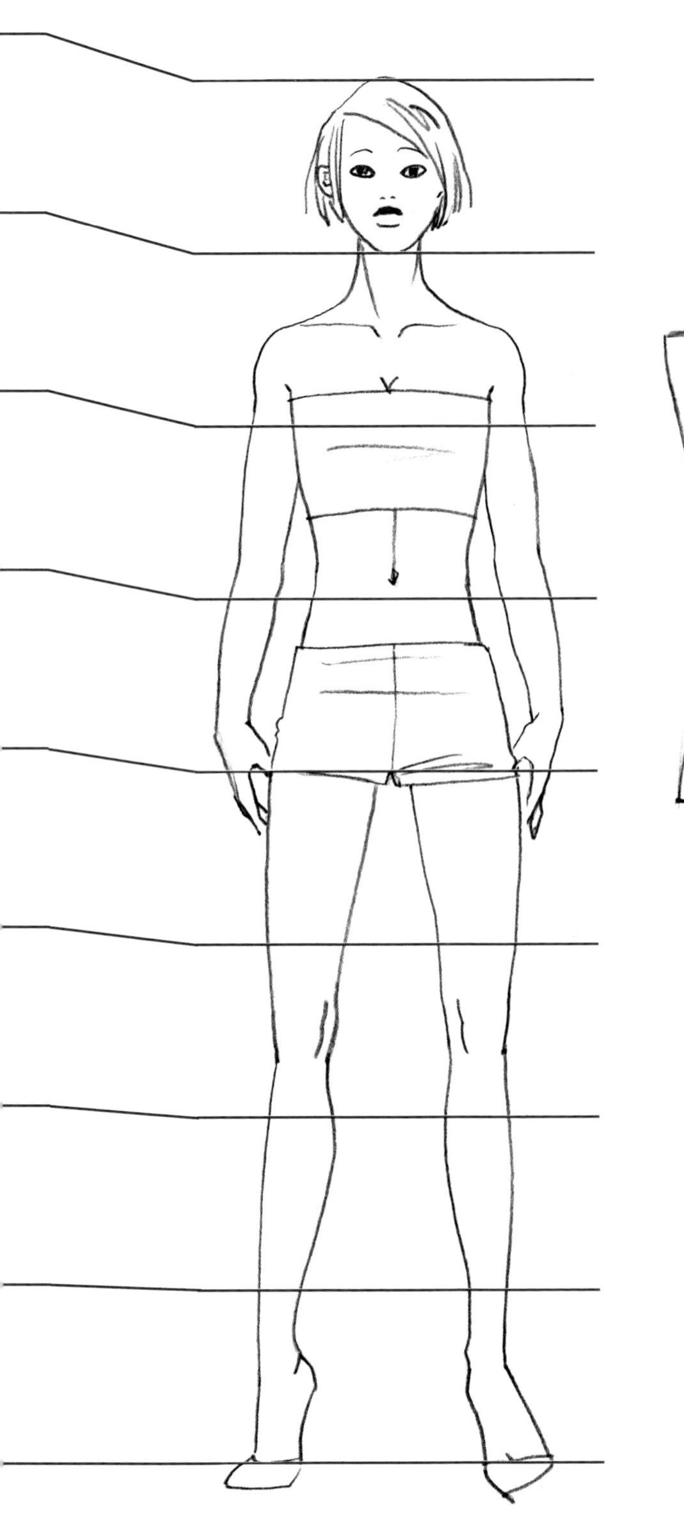

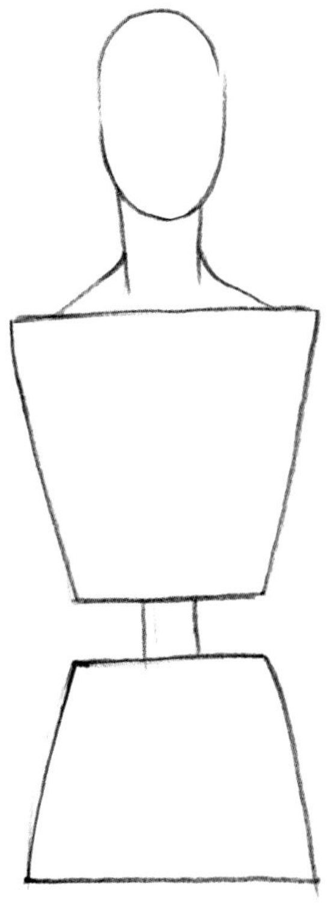

여성의 신체

상반신 : 폭이 좁은 뒤집어진 사다리꼴, 남성에 비해 짧고 좁다.

골반 : 동그란 사다리꼴형, 남성에 비해 길다.

무게중심의 이동
(Movement of the Weight Balance)

1. 균형선을 쇄골의 중심에서부터 바닥까지 수직으로 내려오도록 하고 무게중심이 실린 쪽의 발이 이 선을 밟거나 매우 가깝도록 한다.
   무게중심 다리쪽의 골반은 올라가고 반대로 어깨는 내려오도록 기울기를 표시한다.
   척추선은 어깨선에서 직각으로 내려온 선과 척추선에서 직각으로 올라온 선분이 각각 만나 완만한 C자가 되도록 한다.

2. 늑골과 골반의 사다리꼴을 각각의 기울기에 평행하도록 완성한다. 무릎관절을 공모양으로 표시한 후 다리의 전체적인 형태를 완성한다.

3. 우선 손과 발의 위치를 정해 그려주고 각각의 관절을 공 모양으로 표시하면서 팔과 다리의 형태를 완성한다.

4. 세부적인 인체의 곡선을 그려 포즈를 완성한다.

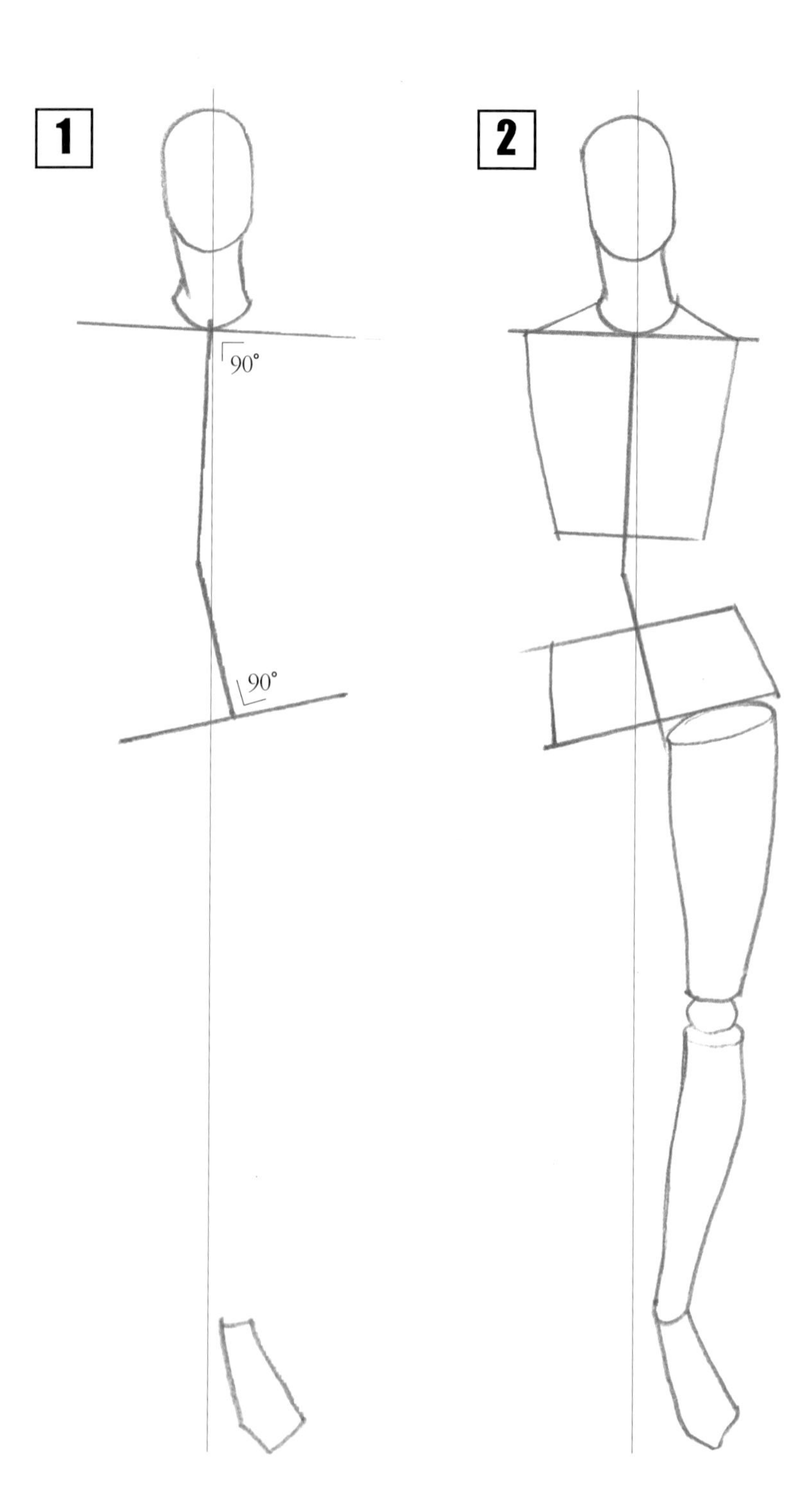

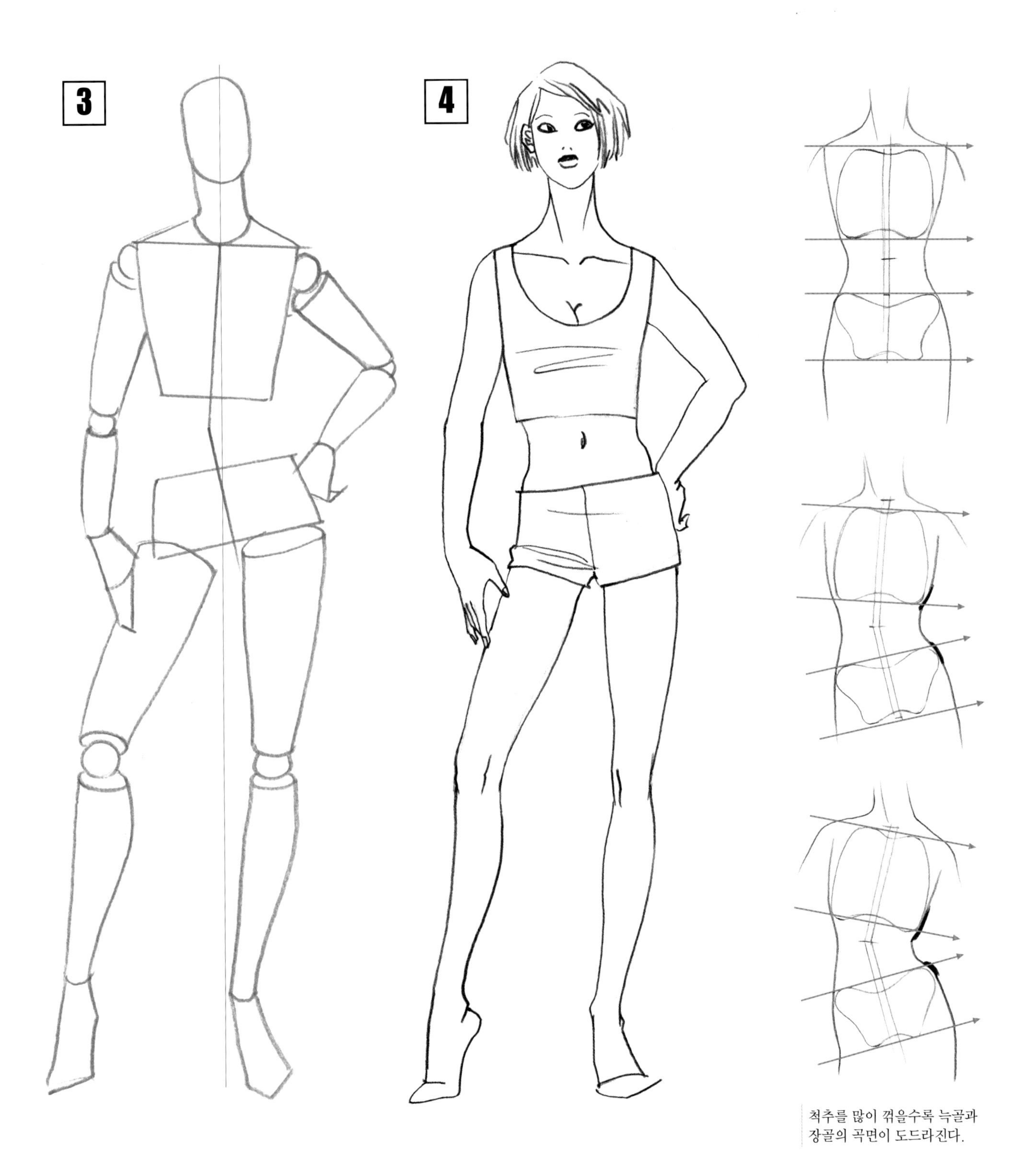

척추를 많이 꺾을수록 늑골과
장골의 곡면이 도드라진다.

오른쪽 다리에 무게를 싣고 있는 포즈

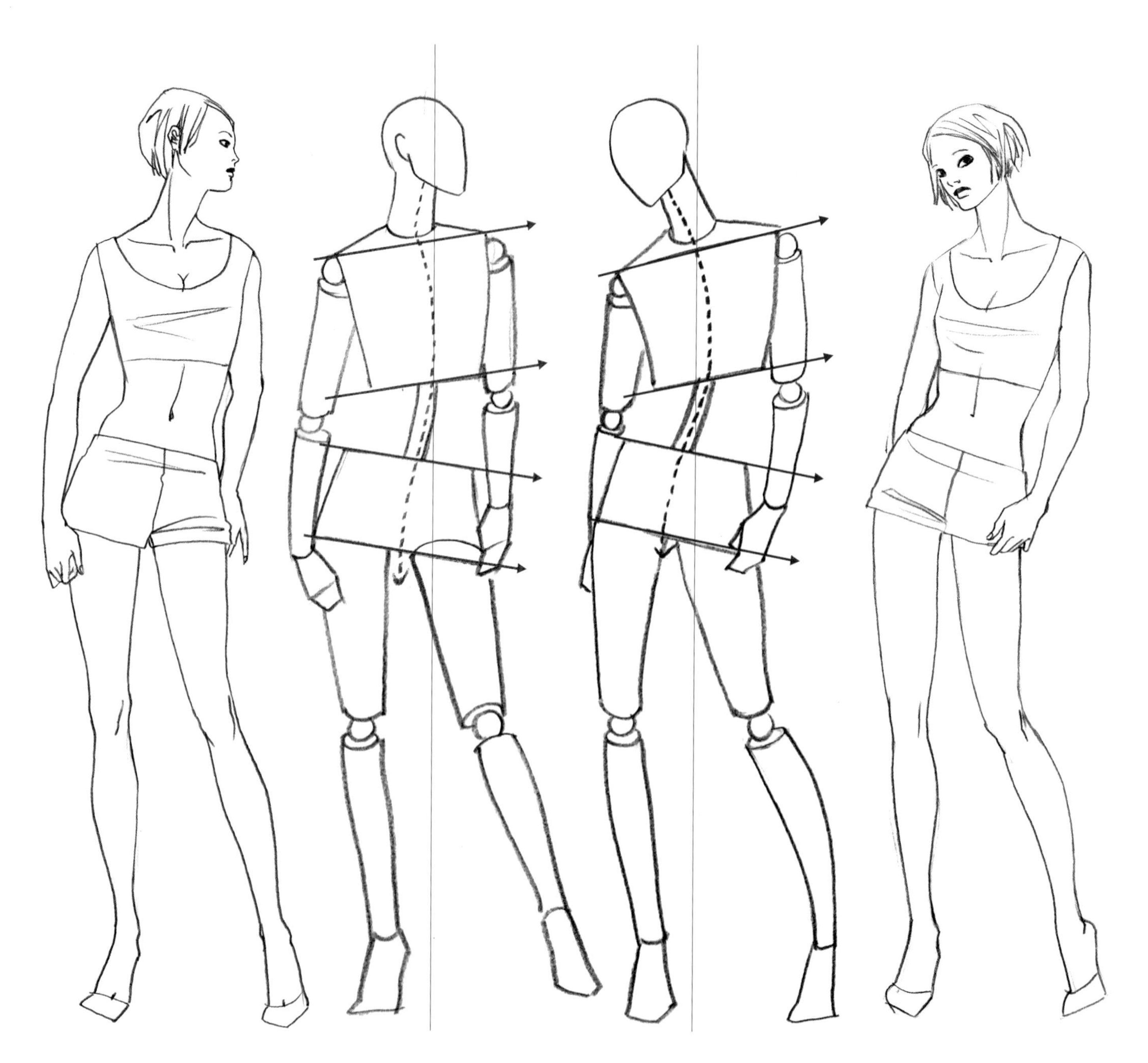

무게중심이 이동된 포즈는 동일한 기본 축으로도 다양한 자세변형이 가능하다. 다음의 두 자세는 동일한 무게중심이 실린 다리와 신체의 기울기를 가지나, 얼굴, 팔, 다리의 위치를 다르게 함으로써 또 다른 포즈가 완성되었다.

무게중심이 이동된 다양한 정면 포즈

다음 그림의 예시와 같이 무게중심선, 어깨와 골반의 기울기, 척추선을 그려보자.

TIP 무게중심이 이동된 포즈의 원리 요약

1. 쇄골 가운데서 내려온 균형선을 무게중심이 실린 발이 밟도록 한다.
2. 무게중심 다리 쪽의 어깨는 내려가고 골반은 올라가 늑골과 골반의 사다리꼴이 서로 어긋난 기울기를 형성한다.
3. 척추선이 무게중심 다리 쪽으로 C자를 이루고 무게중심 다리는 다시 반대쪽으로 향하므로 전체적인 인체의 힘의 흐름이 S자를 이룬다.

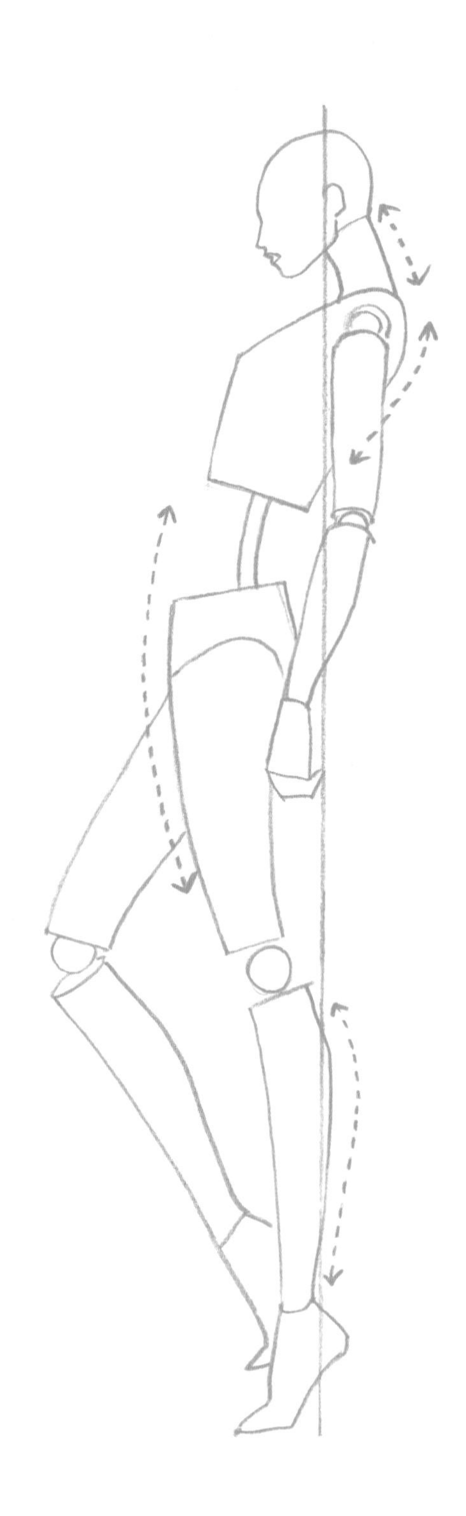

Bodies 2

측면, 사면, 후면의 표현

7th week

8th week

측면 (Side View)

측면을 잘못 그리게 되는 원인 중의 하나는 측면을 딱딱한 일자로 생각하기 때문이다. 그러나 척추는 허리 부분이 앞으로 굴곡져 나오고 목뼈와 다리뼈는 등쪽으로 기울어져 전체적으로 유연한 S자를 이룬다.
측면은 흉곽이 척추에서 시작되어 앞으로 불거져 나오는 관계로 균형선을 기준으로 봤을 때 상당 부분이 앞쪽으로 쏠려 있다.
이때 균형선은 정면과 달리 귀에서부터 시작되어 수직으로 내려와 발뒤꿈치에 이른다.

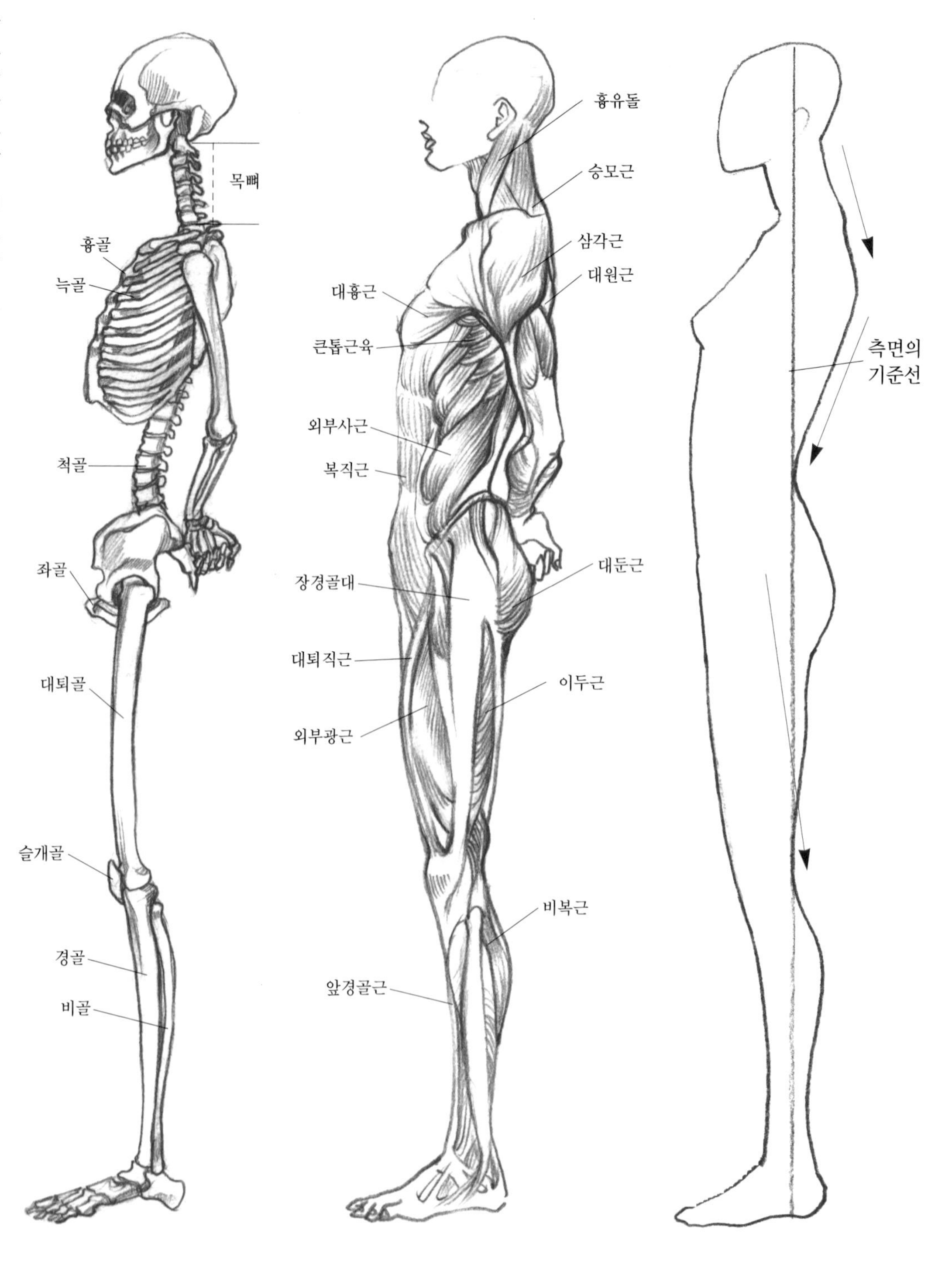

프로포션은 정면과 거의 같으나 등과 힙이 만나는 가장 오목한 지점이 허리가 위치한 3번 선보다 다소 아래쪽에 있음을 유의한다.

쇄골 – 목뒤점, 유두 – 견갑골의 두드러진 부분이 각각 사선으로 기울어진 위치에 있다.

척추의 휘어짐을 강하게 하면 균형을 잡기 위해 다른 곳의 기울기 또한 심해져 전체적으로 드라마틱한 포즈가 연출된다.

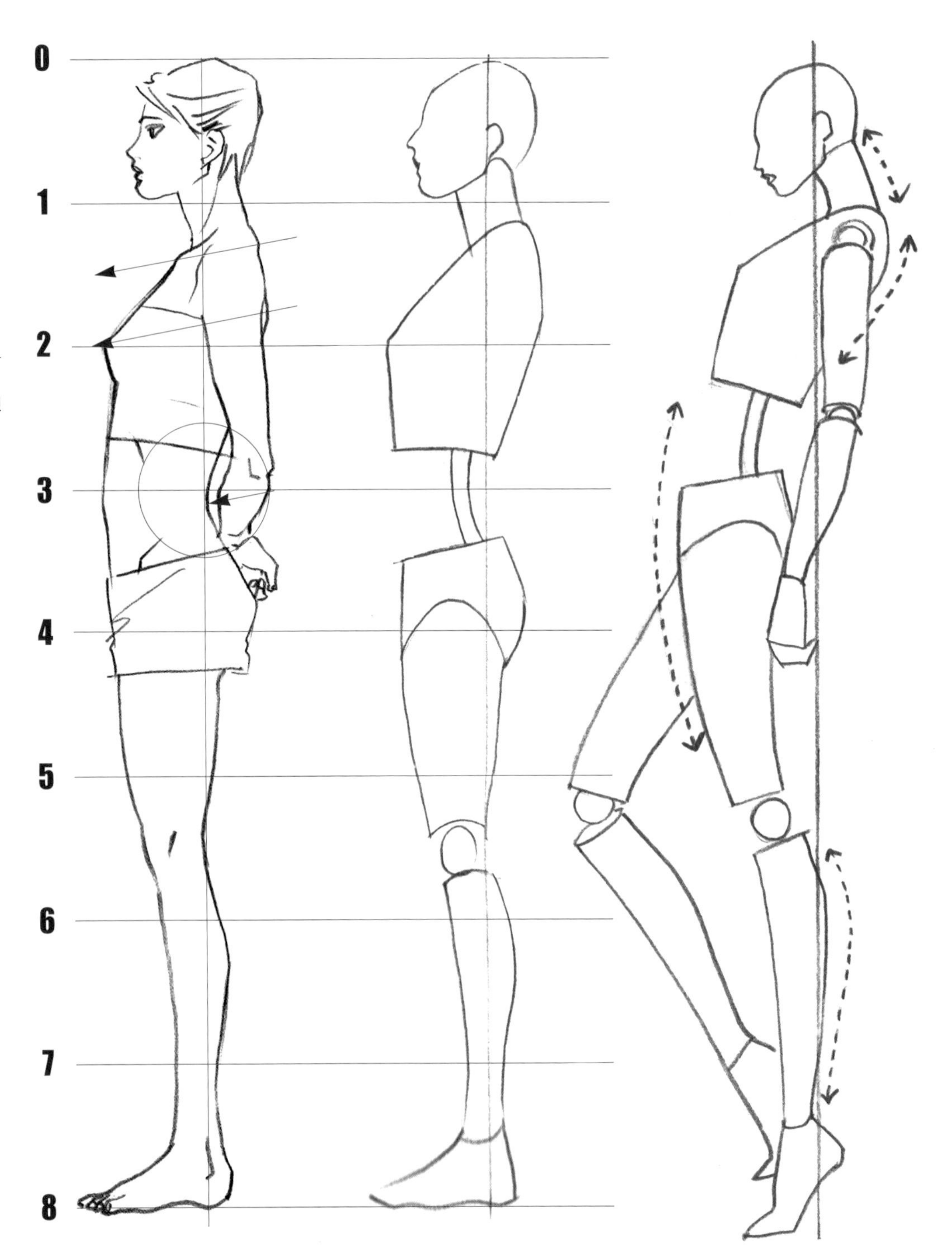

후면 (Back View)

후면은 척추가 두드러져 보여 상반신에 긴 곡선을 그리므로 정면에 비해 유연한 동세를 잘 보여준다.
후면의 포즈는 정면과 같은 순서로 그린다.
목이 턱선에 가리지 않고 온전히 보이며 승모근이 정면으로 폭넓게 보이므로 어깨선을 그린 뒤쪽으로 목선이 가려지도록 표현한다.
후면을 그릴 때는 견갑골과 팔꿈치의 모난 형태, 무릎 뒤의 반막성근과 발목의 아킬레스건의 형태묘사에 유의한다.

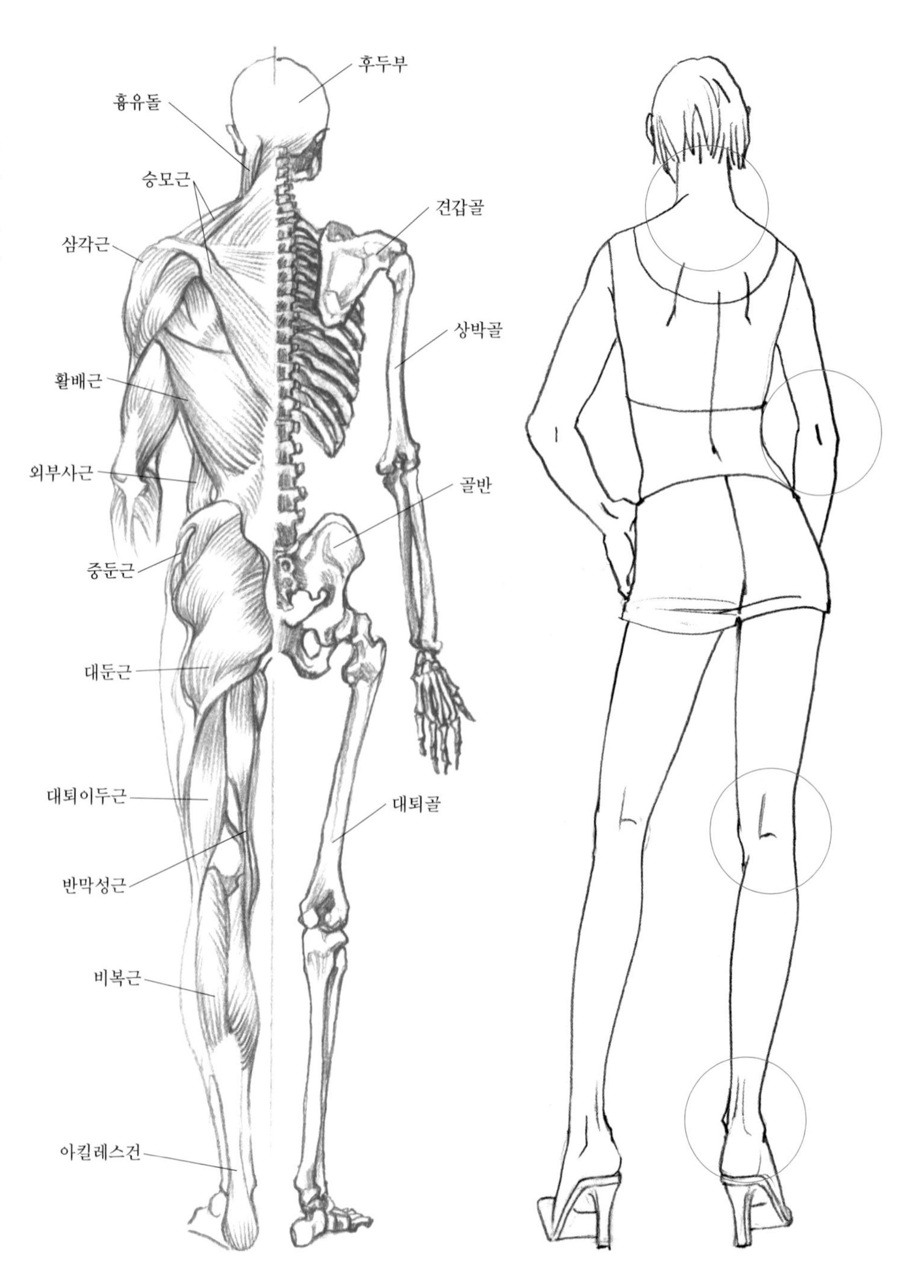

다양한 후면 포즈 뒷모습은 등, 힙 등에 포인트가 있는 옷을 표현할 때 용이하다. 또한 3/4 뒷면은 옷의 옆모습과 뒷모습에 포인트가 있는 옷을 표현할 경우 효과적이다.

사면
(Three-Quater Views)

인체를 3/4 측면에서 본 사면은 옷의 앞과 옆 디테일을 함께 표현할 수 있으며 보다 입체적인 효과를 얻을 수 있으므로 패션 일러스트레이션에서 가장 유용하게 응용된다.
그리는 순서 역시 정면과 동일하나 정면에서는 잘 보이지 않았던 늑골연, 전산장골근의 형태가 두드러지며 측면과 유사한 유연함이 도드라진다. 시야에서 가까운 쪽은 진동선이 정확히 보여 어깨의 형태가 완전히 보이나 흉곽으로 가려진 쪽은 가슴 등에 의해 팔이 잘 보이지 않는다.

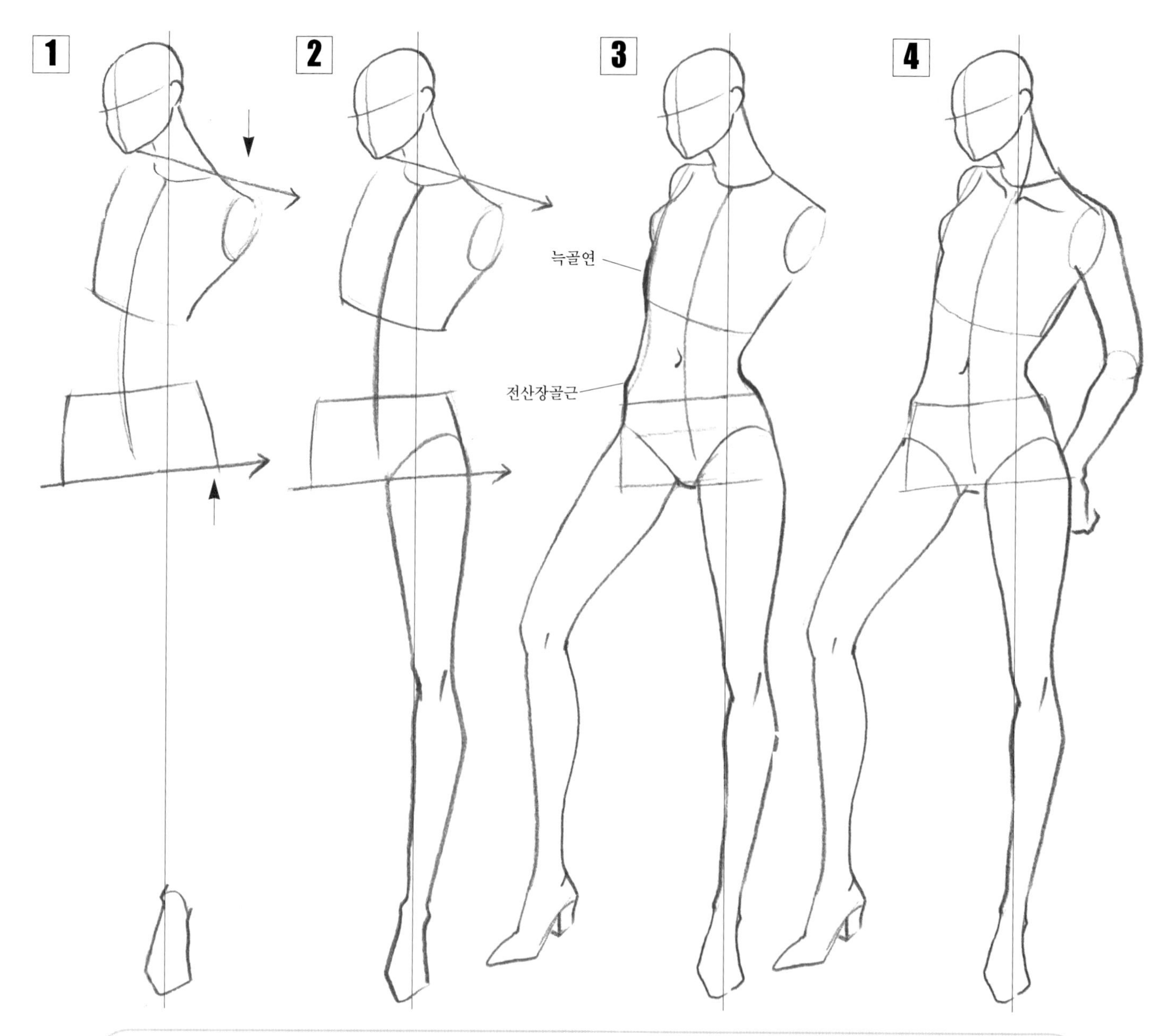

1. 정면과 측면의 중간단계가 되므로 균형선 역시 쇄골 중앙과 귀의 중간부분에서 시작되어 수직으로 내려온다. 얼굴을 그리고 무게중심 다리의 위치를 정한다. 무게중심선은 쇄골과 귀의 중간에서부터 수직으로 내려와 무게중심 발 위에 떨어지도록 한다. 무게중심 다리 쪽의 어깨는 내려가고 골반은 올라가며 이에 따라 척추는 곡선형으로 휘어진다. 시야에서 가까운 쪽의 진동둘레를 표시한다.
2. 무게중심 다리를 완성한다.
3. 다른 쪽의 발을 알맞은 위치에 놓고 다리를 완성한다. 상반신의 외곽선은 늑골과 장골의 굴곡을 반영하도록 한다.
4. 손과 팔을 그려준다. 이때, 시야에서 가까운 쪽은 어깨의 형태가 온전하게 보이나 반대쪽은 가슴에 거의 가려 상단부위만 살짝 보이게 된다.

다양한 사면 포즈

다음 그림의 예시와 같이 무게중심선, 어깨와 골반의 기울기, 척추선을 그려보자.

TIP 사면포즈의 원리 요약

1. 무게중심선이 쇄골과 귀의 중간 정도에서 내려온다.
2. 정면과 측면의 원리가 혼합 되어 있으며, 더욱 유연하게 휘어진 척추의 표현으로 움직임이 강조된다.

SU:M 느리게 걷기

창의적 패션 드로잉 연습

시각적인 표현의 확장

지난 8주간 수고 많으셨습니다. 이번 주는 조금 다른 작업을 해보도록 하겠습니다.

Jonh Lennon의 'Oh My Love'

1.
Oh my lover for the first time in my life, My eyes are wide open,
Oh my lover for the first time in my life My eyes can see,
I see the wind, Oh I see the trees, Everything is clear in my heart,
I see the clouds, Oh I see the sky, Everything is clear in our world,
Oh my love for the first time in my life, My mind is wide open,
Oh my lover for the first time in my life, My mind can feel,
I feel the sorrow, Oh I feel dreams, Everything is clear in my heart
I feel the life, Oh I feel love. Everything is clear in our world...

Oh my lover for the first time in my life, My eyes are wide open,
Oh my lover for the first time in my life My eyes can see,
I see the wind, Oh I see the trees, Everything is clear in my heart,
I see the clouds, Oh I see the sky, Everything is clear in our world,
Oh my love for the first time in my life, My mind is wide open,
Oh my lover for the first time in my life, My mind can feel,
I feel the sorrow, Oh I feel dreams, Everything is clear in my heart
I feel the life, Oh I feel love. Everything is clear in our world...

David Bowie의 Fashion

2.
There's a brand new dance but I don't know its name
That people from bad homes do again and again
It's big and it's bland full of tension and fear
They do it over there but we don't do it here

Fashion! Turn to the left
Fashion! Turn to the right
Oooh, fashion!
We are the goon squad and we're coming to town
Beep-beep
Beep-beep

Listen to me - don't listen to me
Talk to me - don't talk to me
Dance with me - don't dance with me, no
Beep-beep

There's a brand new talk, but it's not very clear
Oh bop
That people from good homes are talking this year
Oh bop, fashion
It's loud and tasteless and I've heard it before
Oh bop
You shout it while you're dancing on the ole dance floor
Oh bop, fashion

Fashion! Turn to the left
Fashion! Right
Fashion!
We are the goon squad and we're coming to town
Beep-beep
Beep-beep

Listen to me - don't listen to me
Talk to me - don't talk to me
Dance with me - don't dance with me, no
Beep-beep
Beep-beep

Oh, bop, do do do do do do do do
Fa-fa-fa-fa-fashion
Oh, bop, do do do do do do do do
Fa-fa-fa-fa-fashion
La-la la la la la la-la
Oh, bop, do do do do do do do do
Fa-fa-fa-fa-fashion
Oh, bop, do do do do do do do do
Fa-fa-fa-fa-fashion
La-la la la la la la-la
Oh, bop, do do do do do do do do
Fa-fa-fa-fa-fashion
Oh, bop, do do do do do do do do
Fa-fa-fa-fa-fashion
La-la la la la la la-la
Oh, bop, do do do do do do do do
Fa-fa-fa-fa-fashion
Oh, bop, do do do do do do do do
Fa-fa-fa-fa-fashion
La-la la la la la la-la

1번과 2번의 노래(혹은 평소에 인상깊게 들었던 음악 등)를 듣고 가사를 이해한 후 택일하여 감정이나 상황을 표현하시오.
(사실적이거나 추상적, 초현실적으로 표현하여도 무방합니다.)

기억과 재해석 표현

1. 지난 발렌타인스데이

2. 크리스마스

3. 생일의 기억

새롭게 '상징화' 된 이미지는 사실적으로 표현할 수도 있으며 극히 추상적으로 표현할 수도 있습니다. 단지 시각적인 이해를 쉽게 해주는 작업만이 잘 된 작업은 아님을 명심하십시오. 눈에 보이는 것이 전부는 아닙니다.

푸생(Poussin)의 즉흥적으로 흥이 나서 그린 듯한 감각적 데생에서 볼 수 있듯이 – 그는 이 상태를 하나의 아이디어(1' idea)라고 표현했다. "만일 당신이 아주 평판이 좋고 아름다운 그림을 그리기 위해 며칠 밤을 무엇인가를 찾아 헤맨다고 한다면 나는 지금 당장 아무것이든 그려 보기를 합니다. 그러면 어떤 해결책을 얻을 수 있게 되며 그것이 바로 당신이 찾던 이데아라고 말 할 수 있다."라고 그는 말했습니다. 마찬가지로 들라크루아(Delacroix)는 "에스키스를 통한 자유로움과 크로키가 지닌 대담성을 지녀야 한다."라고 우리에게 요구합니다.

Poses

다양한 포즈의 이해와 표현

10th week

11th week

다양한 포즈 (Various Poses)

앞에서 배운 원리들을 바탕으로 표현하고자 하는 패션 이미지의 포즈들을 연구해 보자.

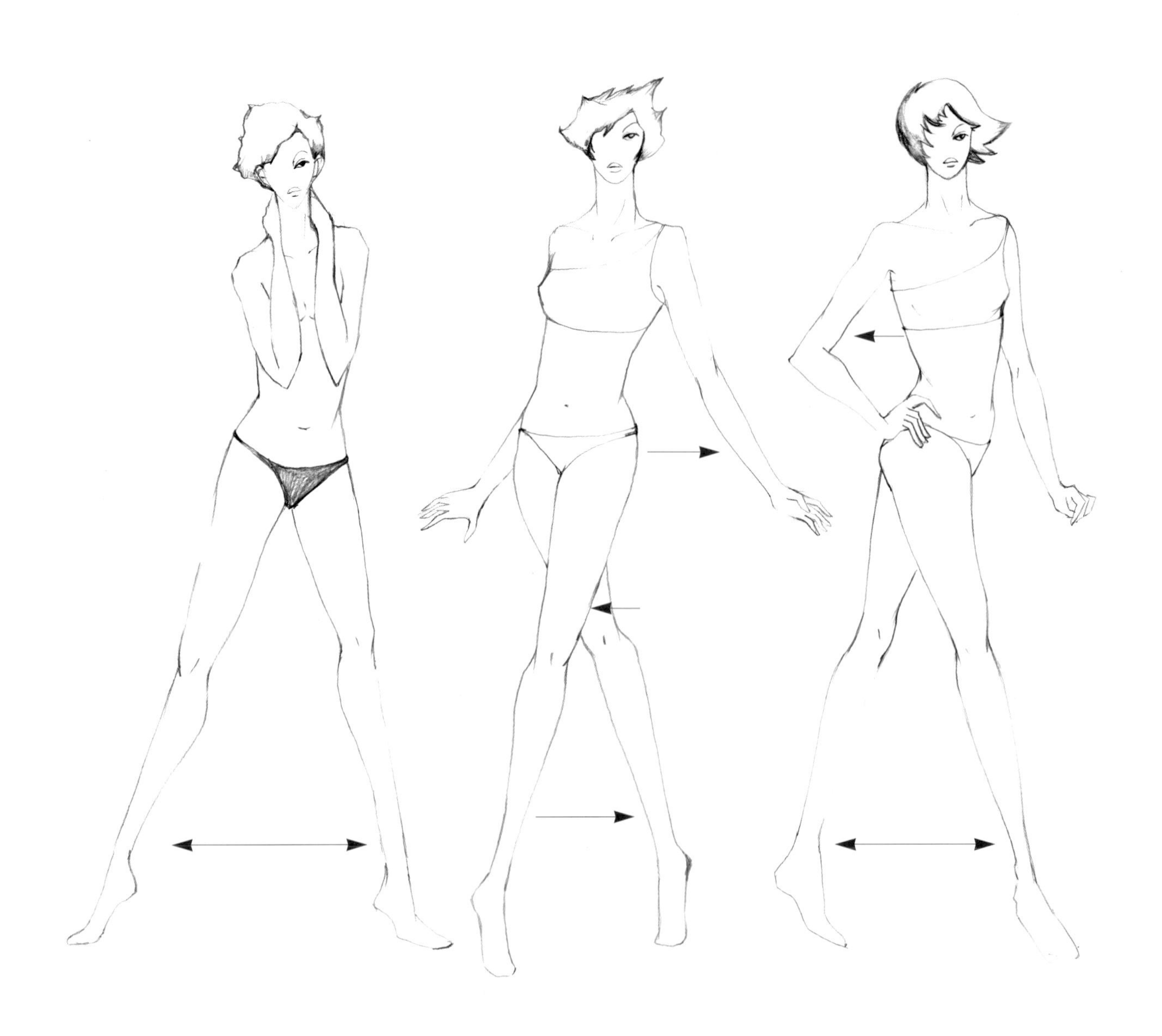

팔과 다리 동작의 활용으로 다양한 이미지를 은유적으로 전달할 수 있다.
열려진 형태는 자신만만함을, 닫혀진 형태는 다소 경직되고 여성스러운 이미지를, 두 형태의 혼합은 다이나믹한 이미지를 표현할 수 있다.

팔과 다리의 열리고 닫힌 형태의 응용으로 다양한 느낌의 포즈를 표현할 수 있다.
이것은 옷의 형태를 부분적으로 확대시키거나 축소시키고 싶을 때에도 효과적으로 응용될 수 있다.

곡선의 형태를 더하면 몸은 더욱 역동적이며 드라마틱한 모습으로 보이게 된다.

모델의 워킹 포즈는 일반적인 걸음걸이보다 골반을 많이 움직여 리드미컬해 보이도록 한다.
몸을 인위적으로 강하게 비튼 모습은 의상에 역동적인 느낌을 더해준다.

다리, 팔 등을 한껏 펴 주면 자신만만한 느낌을 표현할 수 있다. 이 포즈는 옷의 면적을 최대한으로 보여주어야 할 때 유용하게 사용된다.

우연한 상황을 캐치한 듯한 포즈는 가볍고 경쾌한 이미지를 준다.

앉은 포즈 (Seated Poses)

앉은 포즈는 종이의 길이가 짧을 때, 2명 이상의 모델을 그릴 때 화면을 지루하지 않게 보이도록 해준다. 앞장에서 배운 것과 같이 앉은 포즈에서도 팔 · 다리의 열린 정도는 모델과 패션의 이미지 형성에 중요한 도구가 된다. 첫 번째 포즈의 편안함, 두 번째 포즈의 경쾌한 자유로움, 세 번째 포즈의 여성스러운 뉘앙스를 잘 살펴보라.

2명 이상의 좌우대칭 포즈는 의상의 통일된 이미지 전달에 효과적이다.

군집 포즈 (Group Poses)

여러 명이 한 화면에 서 있는 군집 포즈는 주제에 맞게 그룹핑된 의상을 표현하거나 한 의상을 다각도로 분석하여 보여주는 용도로 사용된다. 이 때 서로의 포즈가 잘 어우러져야 하며 각각의 신체 비례가 잘 맞도록 한다. 특히 남녀의 군집 포즈는 많은 연습이 요구된다.

앉아 있는 군집 포즈. 각 모델의 위치에 따른 미세한 원근의 표현으로 신체의 크기가 조금씩 달라지는 것을 살펴보자.

Modeling

모델링

12th
week

13th
week

눈높이 (Eye-Level) 변화에 따른 인체 표현

옷의 부분적인 강조나 드라마틱한 표현을 위해 특수한 눈높이에서 본 모델을 표현할 수 있다. 이때 원근감에 의한 각부분의 크기 변화와 기울기에 주의하자.

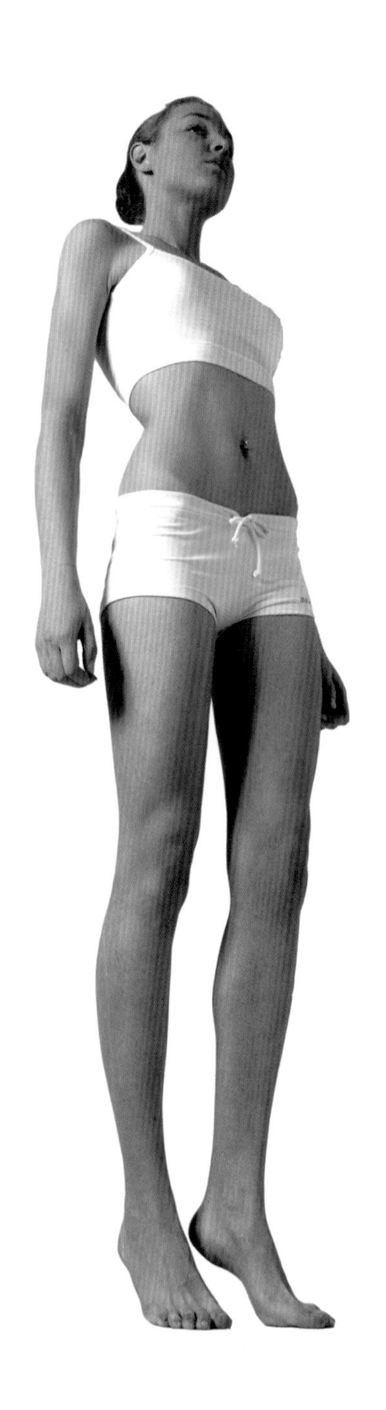

아래에서 올려다 본 모습은 원근법에 의해 하반신은 크고 위로 올라갈수록 작아지는 형태를 보인다. 이때 착장된 모든 의복의 둘레선은 몸통의 둘레선과 평행하게 돌아가므로 위쪽으로 볼록한 포물선을 그리고, 도련의 뒷자락까지 모두 보이게 된다. 기울기의 포물선은 바닥으로 내려올수록 평평해지며, 위로 올라갈수록 급격해진다.

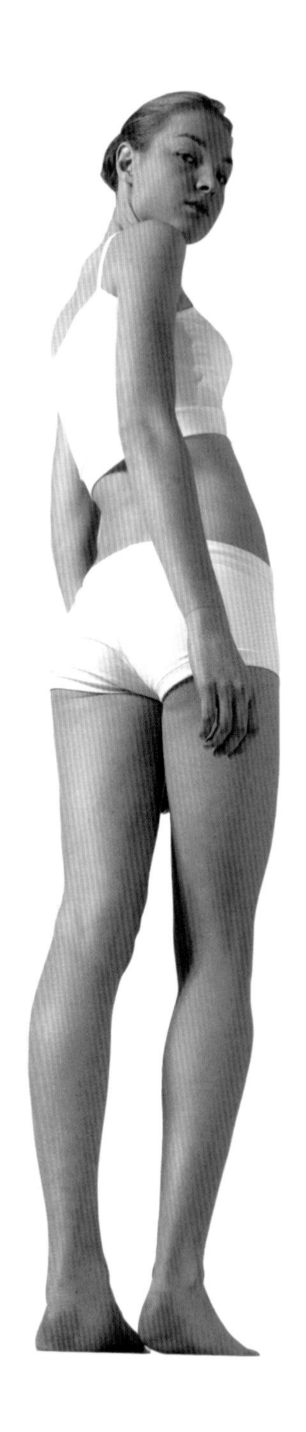

위에서 내려다 본 모습의 포즈를 그릴 때는 모든 원리에 있어서 올려다 본 모습과 반대가 된다. 상반신 쪽이 더 크게 보이며 기울기 포물선은 아래쪽으로 볼록해진다. 이 각도는 특히 어깨나 상반신의 볼륨이 강조된 의상을 표현할 때 효과적이다.

패션 스타일에 따른 인체표현 (Illustrating Fashion Style)

착장 형태를 그릴 때는 그 옷이 실제로 어떻게 생겼는가보다는 어떠한 이미지를 가지고 있는가를 파악하는 것이 중요하다. 단순한 사실적 이미지의 재현은 인물화와 다를 것이 없다. 감각적인 패션 일러스트레이션을 위해서는 필요에 맞게 실루엣과 디테일을 과장하고 축소할 수 있는 능력이 요구된다. 옷의 주름 또한 사실적인 묘사를 하기보다는 적절한 생략을 통해 옷의 형태를 더 간결하게 표현하도록 주의하자.

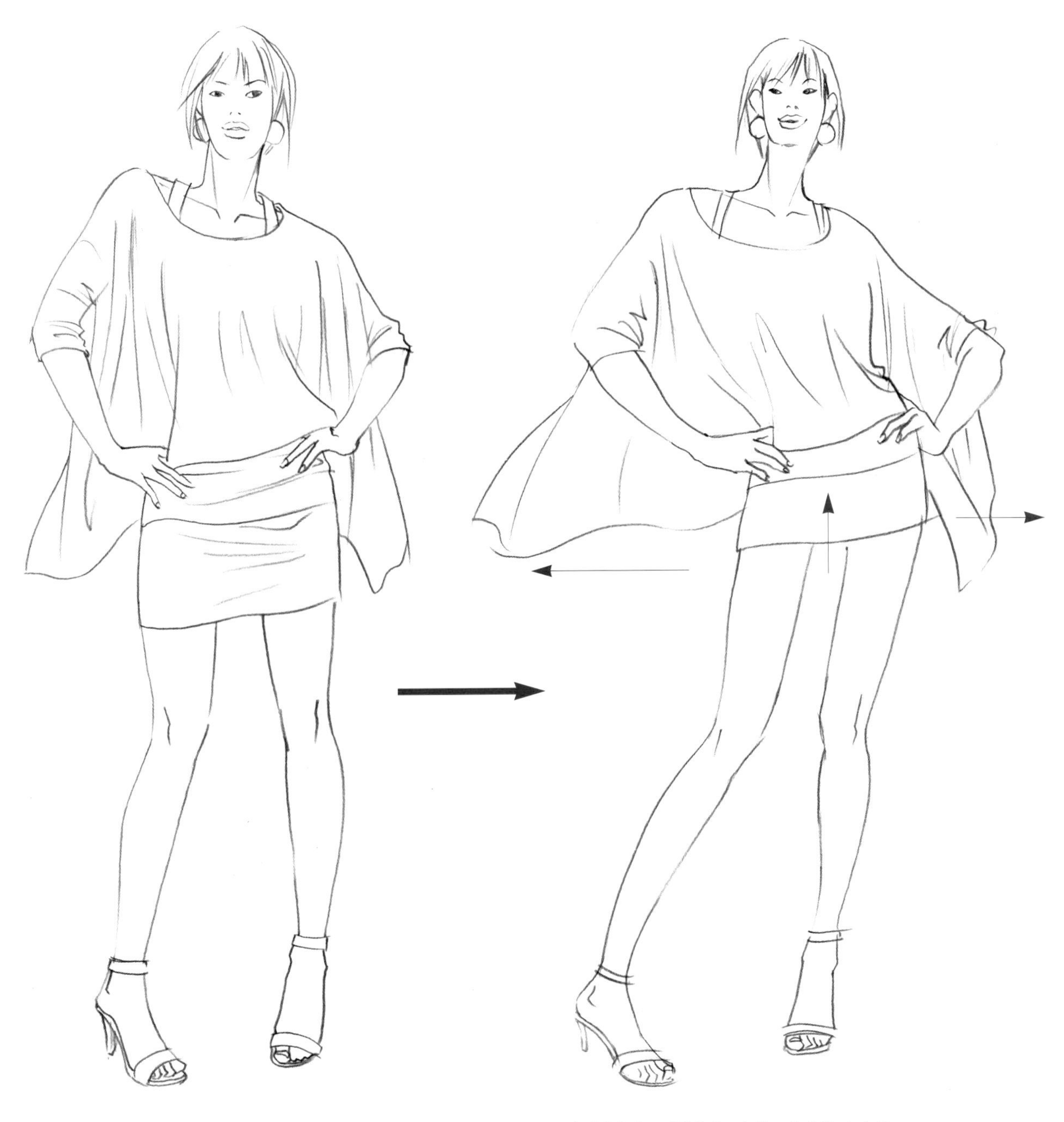

실제 이미지를 그대로 재현

패션바디로 변형한 후, 상의는 더 넓게, 스커트는 더 짧게 하여 실루엣을 과장하였다.

주름의 방향 (Direction of Wrinkles)

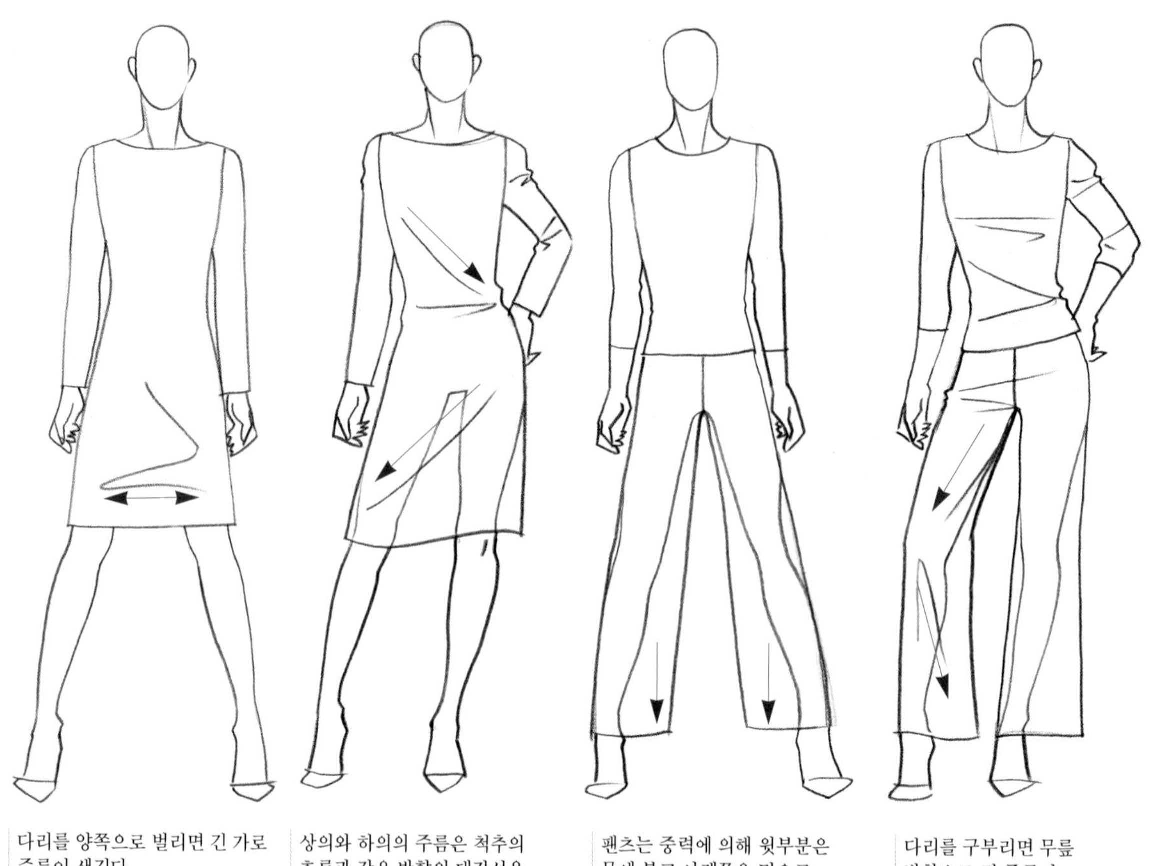

다리를 양쪽으로 벌리면 긴 가로 주름이 생긴다.

상의와 하의의 주름은 척추의 흐름과 같은 방향의 대각선을 이룬다.

팬츠는 중력에 의해 윗부분은 몸에 붙고 아래쪽은 밑으로 처진다.

다리를 구부리면 무릎 방향으로 긴 주름이 생긴다.

소재에 따른 주름의 형태 (Wrinkle's Shaped by Fabrics)

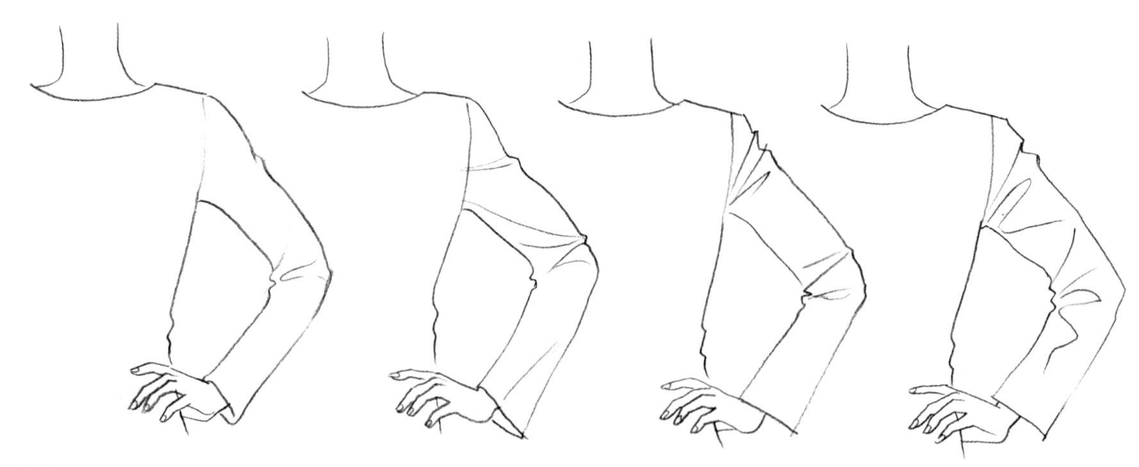

Knit, Jersey
소재가 두꺼운 경우에는 유연하고 큰 주름이, 얇을 경우에는 가늘고 자잘한 주름이 생긴다. 신체의 곡선을 그대로 드러낸다.

Silk
부드럽고 섬세한 주름이 잘 생기며 중력방향으로 잘 처진다.

Cotton
주로 완만한 주름이 생기나, 두께와 가공법에 따라 형태가 조금씩 달라진다.

Linen
딱딱하고 큼직한 주름이 생기며 몸에 잘 밀착되지 않는다.

소재에 따른 실루엣(Silhouette by Fabrics)

두꺼운 재질
신체를 긴장해 보이도록 하며 몸의 기울기를 따라 옷의 기울기가 결정된다.

얇은 재질
신체의 선이 그대로 드러나며 몸의 기울기와 상관없이 중력방향으로 처진다.

주름의 표현 (Drawing Wrinkles)

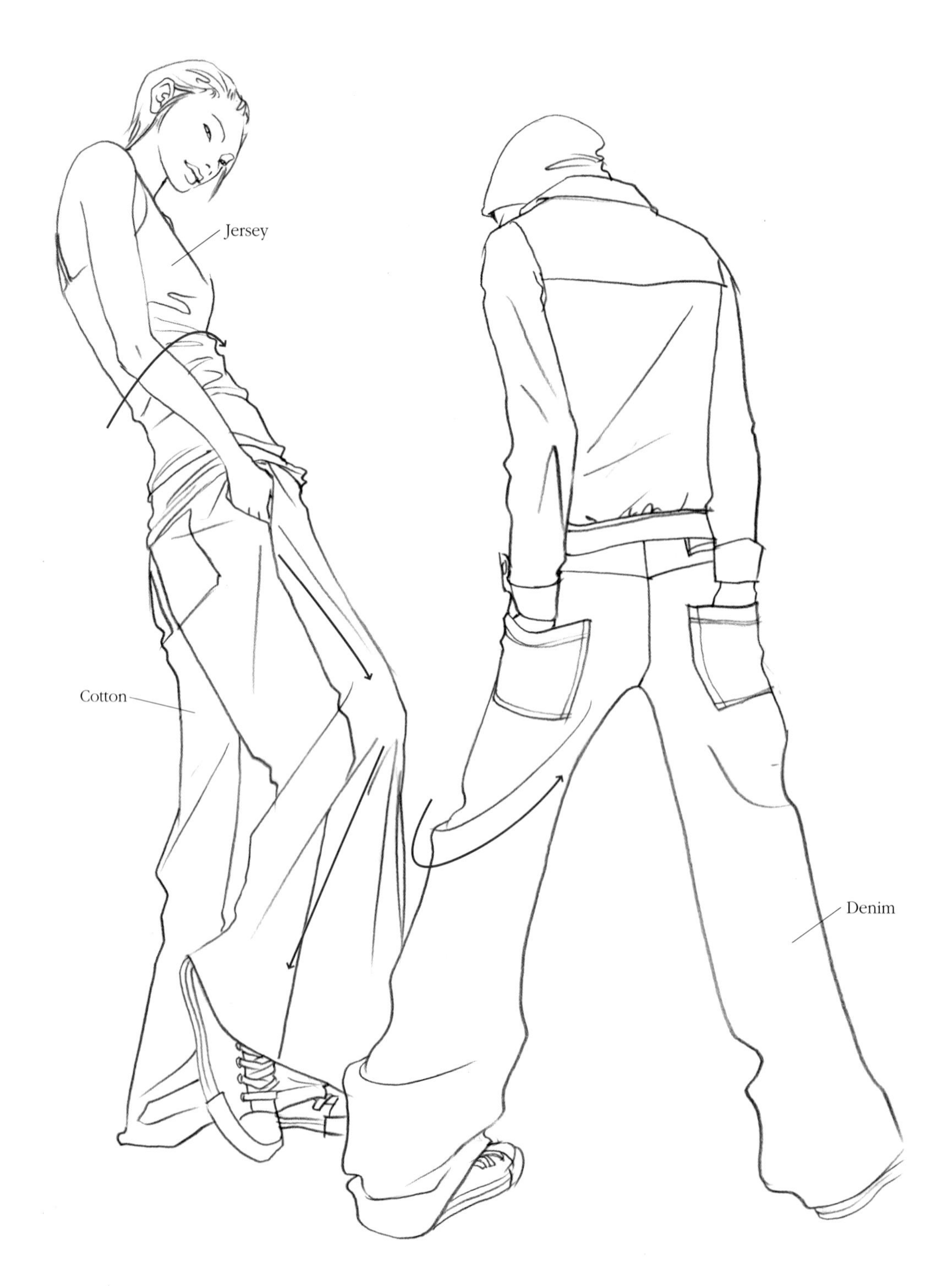

보다 정확한 패션 정보의 전달을 위해서는 옷의 디자인뿐 아니라 소재의 표현에도 주의하여야 한다. 앞에서 배웠듯, 소재의 이미지를 결정짓는 주된 요소는 실루엣과 주름의 형태이다. 위의 그림에서는 유사한 디자인의 팬츠가 소재에 따라 표현이 어떻게 표현이 달라지는가를 보여준다.

무늬의 표현 (Drawing Patterns)

부분 표현
무늬를 강조하고 싶은 곳, 혹은 명암효과를 주고 싶은 곳에만 표현하여도 전체적인 이미지를 달리할 수 있다.

전체 표현
몸의 굴곡을 잘 반영한 무늬의 표현은 특별한 명암 표현 없이도 인체의 양감을 표현해 줄 수 있다.

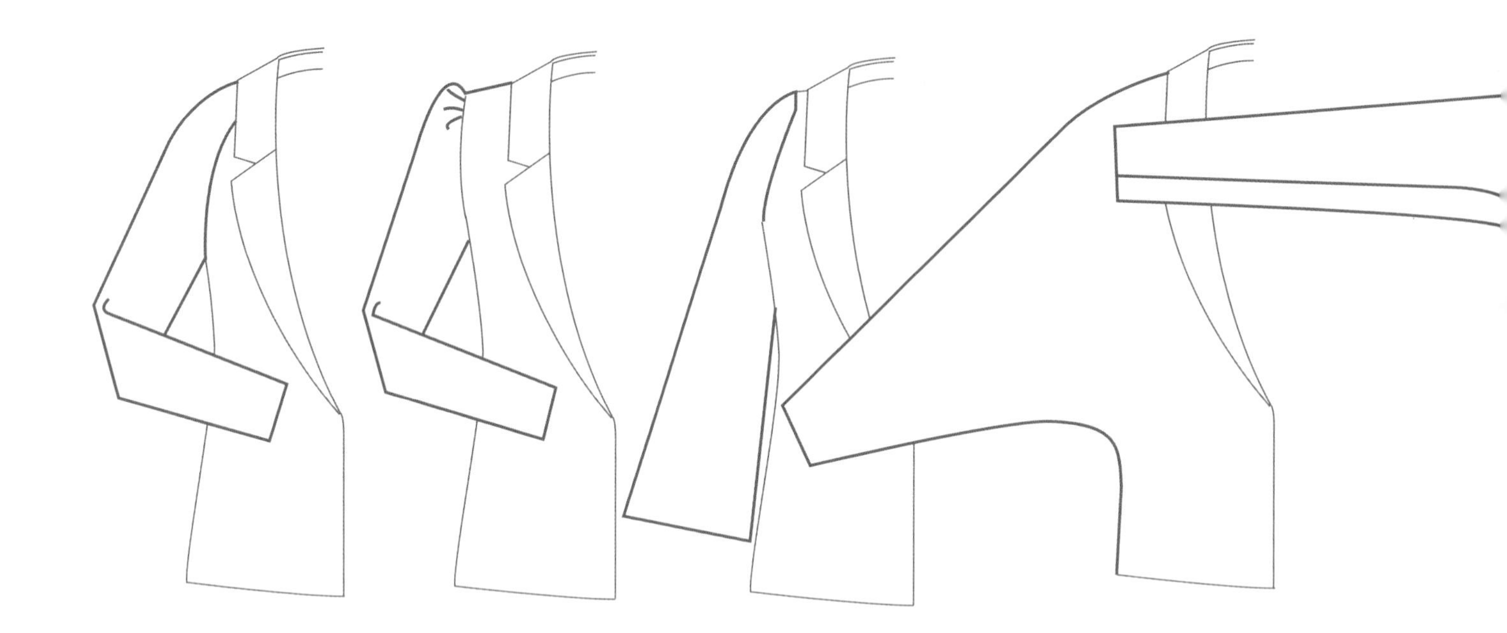

Garment Diagram

도식화

14th week

15th week

16th week

기준선 그리기 (Guideline of Diagram)

도식화를 처음 그릴 때는 감각에 의지하는 것보다 기준선을 그린 후 작업하는 것이 효율적이다. 위의 전신 가이드라인은 인체를 8등신으로 보았을 때를 기준으로 하여 제작되었다. 사각형 안의 인체는 이해를 돕기 위한 그림으로 실제로 도식화를 그릴 때는 밖의 박스만을 사용한다. 전신 기준선은 5번 선과 3번 선에서 각각 잘라 상의용과 하의용 기준선으로 사용한다.
주요한 부분의 위치들을 외워두면 좀 더 신속하게 작업할 수 있다.

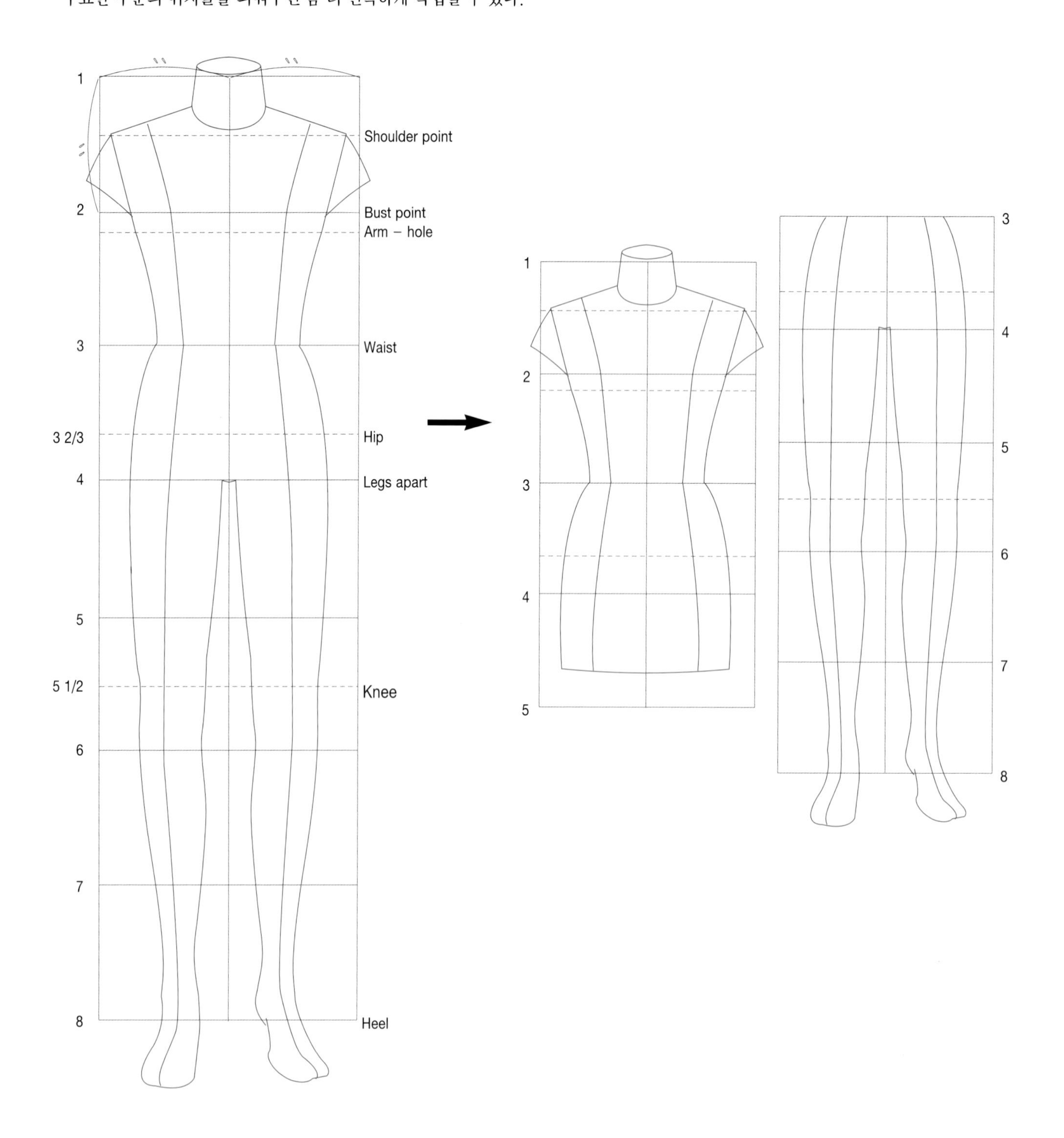

상의의 도식화 순서 (Order of Shirts Drawing)

기초적인 상의의 도식화 순서를 익힌 후 다양한 칼라, 커프스, 여밈을 더하여 셔츠와 재킷, 코트 등에 응용한다.

T셔츠 (Basic T-Shirts)

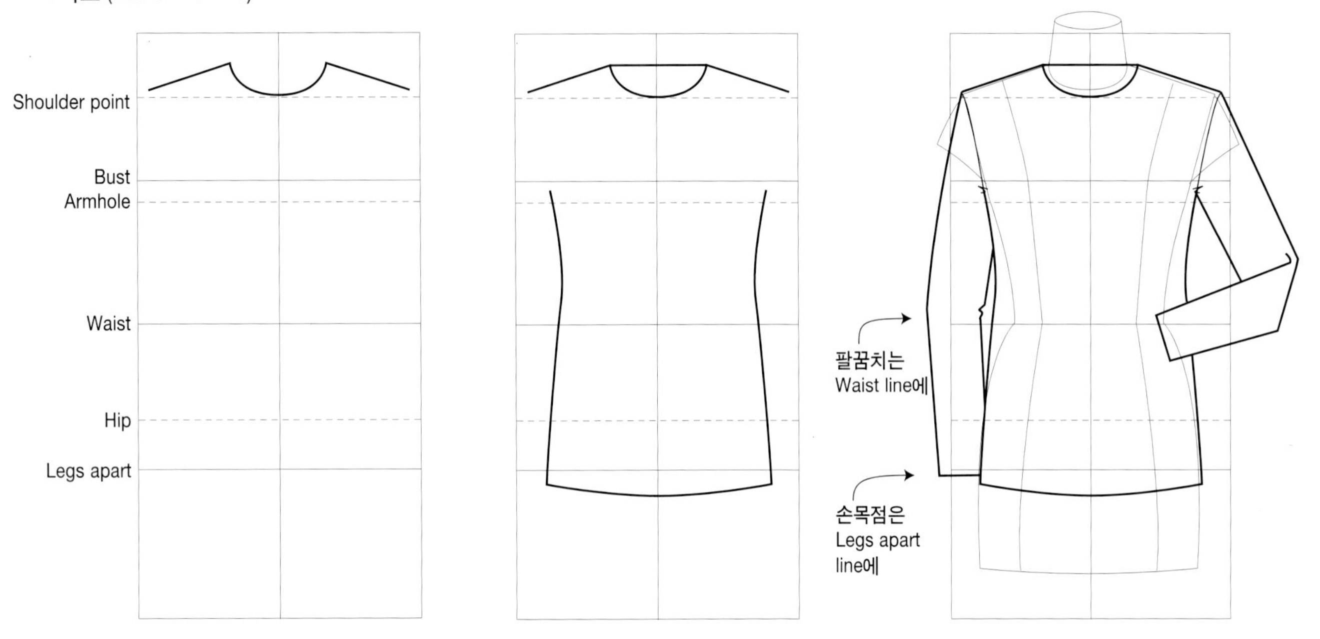

목선-어깨-몸통-소매-세부묘사 순으로 그려야 안정감 있는 형태를 쉽게 그릴 수 있다.
이때 허리부분이 지나치게 타이트해지지 않도록 주의한다. 아웃라인이 아닌 선들은 비교적 얇게 그린다.

셔츠 (Shirts)

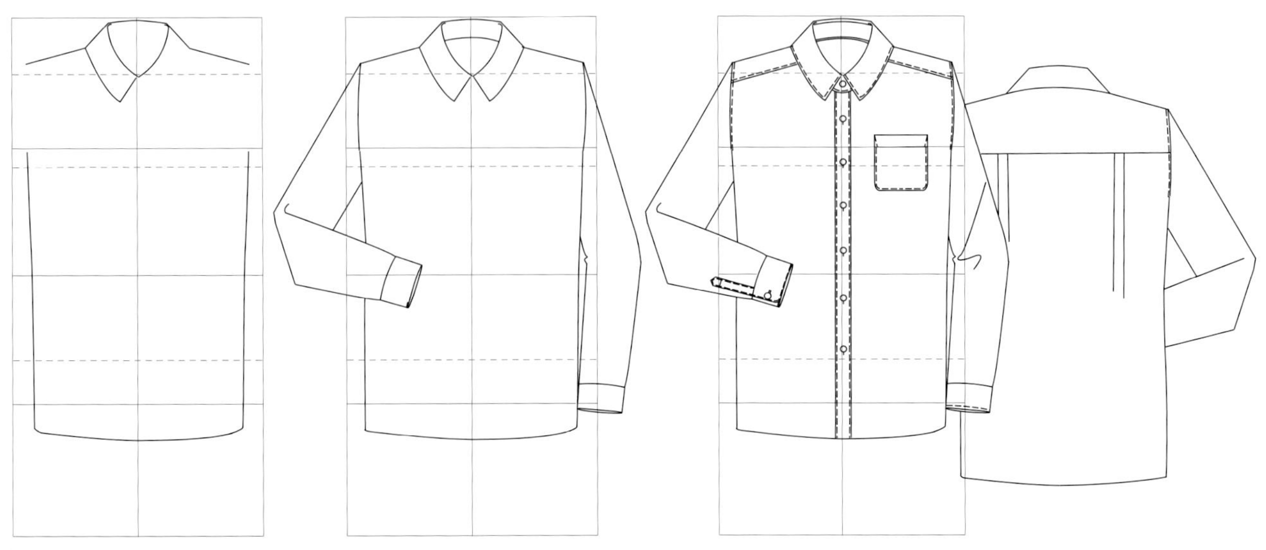

목둘레-칼라-어깨-몸-소매-세부묘사의 순으로 완성한다. 반드시 뒷면을 함께 그려주며, 한쪽 소매를 접어주는 것은 소매 뒷부분의 모양을 잘 보여줄 수 있는 효과적인 방법이다. 이때 단추는 첫 단추와 끝 단추의 위치를 먼저 잡은 후 나머지 단추를 동일한 간격으로 배치하도록 한다.

실루엣, 여밈분에 따른 변형 (Types of Silhouettes)

세부 디테일을 그리기에 앞서 전체적인 크기와 비례를 정확히 한다. 큰 부분에서 작은 부분 순으로 그리고, 숨겨진 여밈 부분은 점선으로 표시하면 좀 더 정확한 정보를 전달할 수 있다.

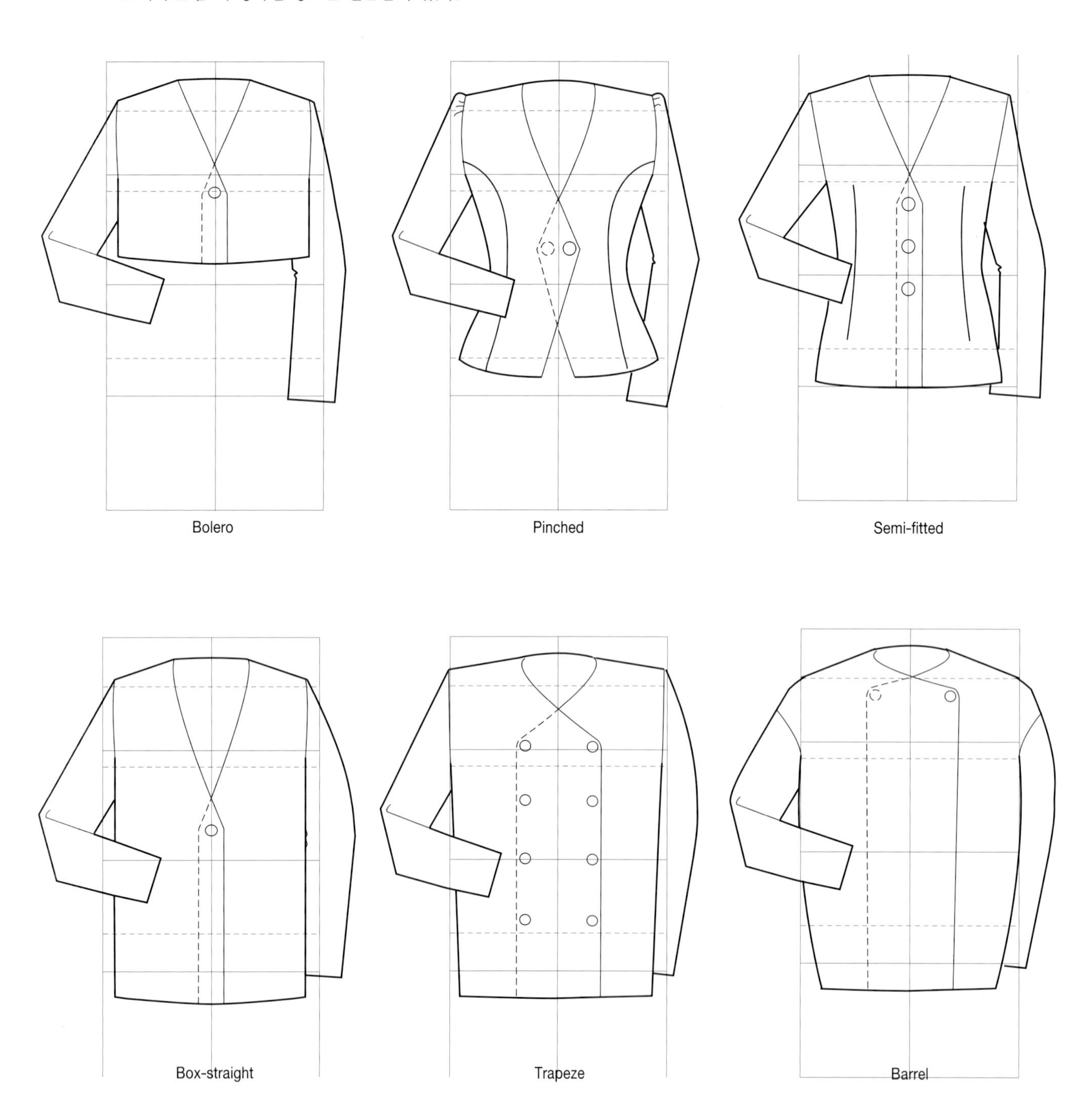

칼라의 도식화 순서 (Order of Collars and Lapels Drawing)

칼라를 그릴 때는 보이는 부분뿐 아니라 감추어진 여밈분까지 좌우대칭을 맞추어야 안정감 있는 형태를 이룰 수 있다. 한쪽 깃을 연 상태의 도식화는 단춧구멍과 안단의 형태 정보까지 정확히 전달할 수 있다.

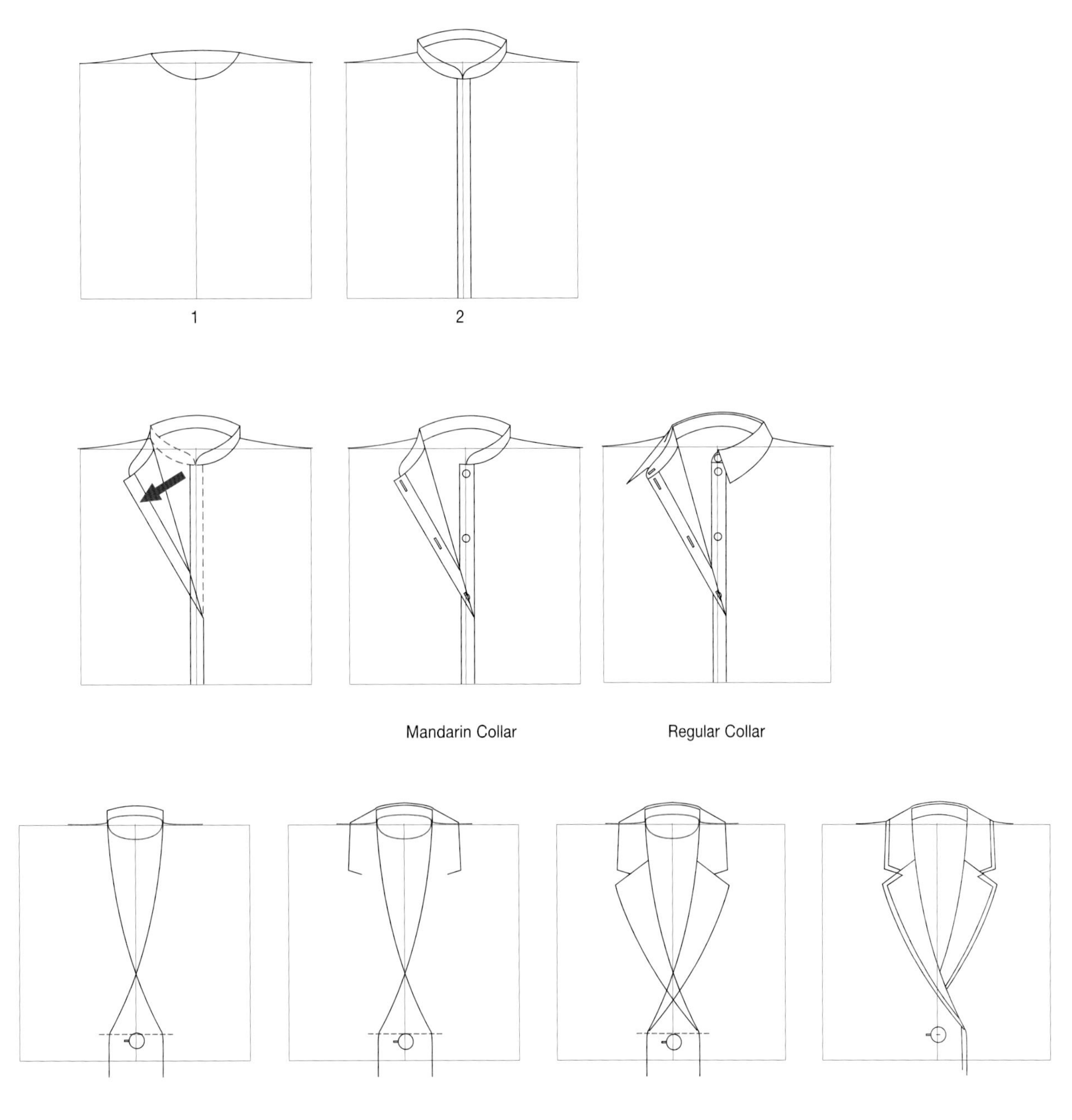

목깃을 그릴 때, 보이는 곳만 그리게 되면 자칫 형태가 비뚤어질 수 있다. 왼쪽 길과 오른쪽 길이 중심선으로부터 동일한 양만큼 겹쳐지도록 하고 정 중앙에 단추의 위치를 표시한다. 이렇게 양쪽 길을 모두 그린 후, 겹쳐져 보이지 않는 부분을 지워 주어야 좌우대칭이 잘 맞는 형태를 완성할 수 있다.

목선의 형태 (Shapes of Necklines)

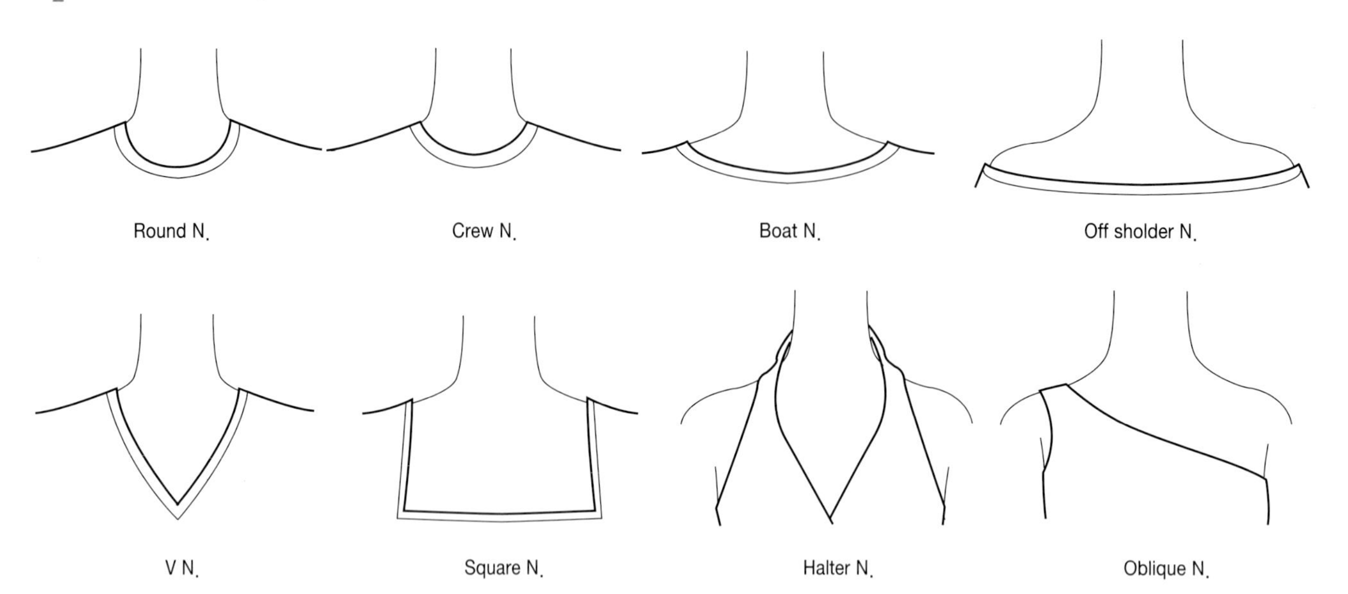

목깃의 형태(Shapes of Collars)

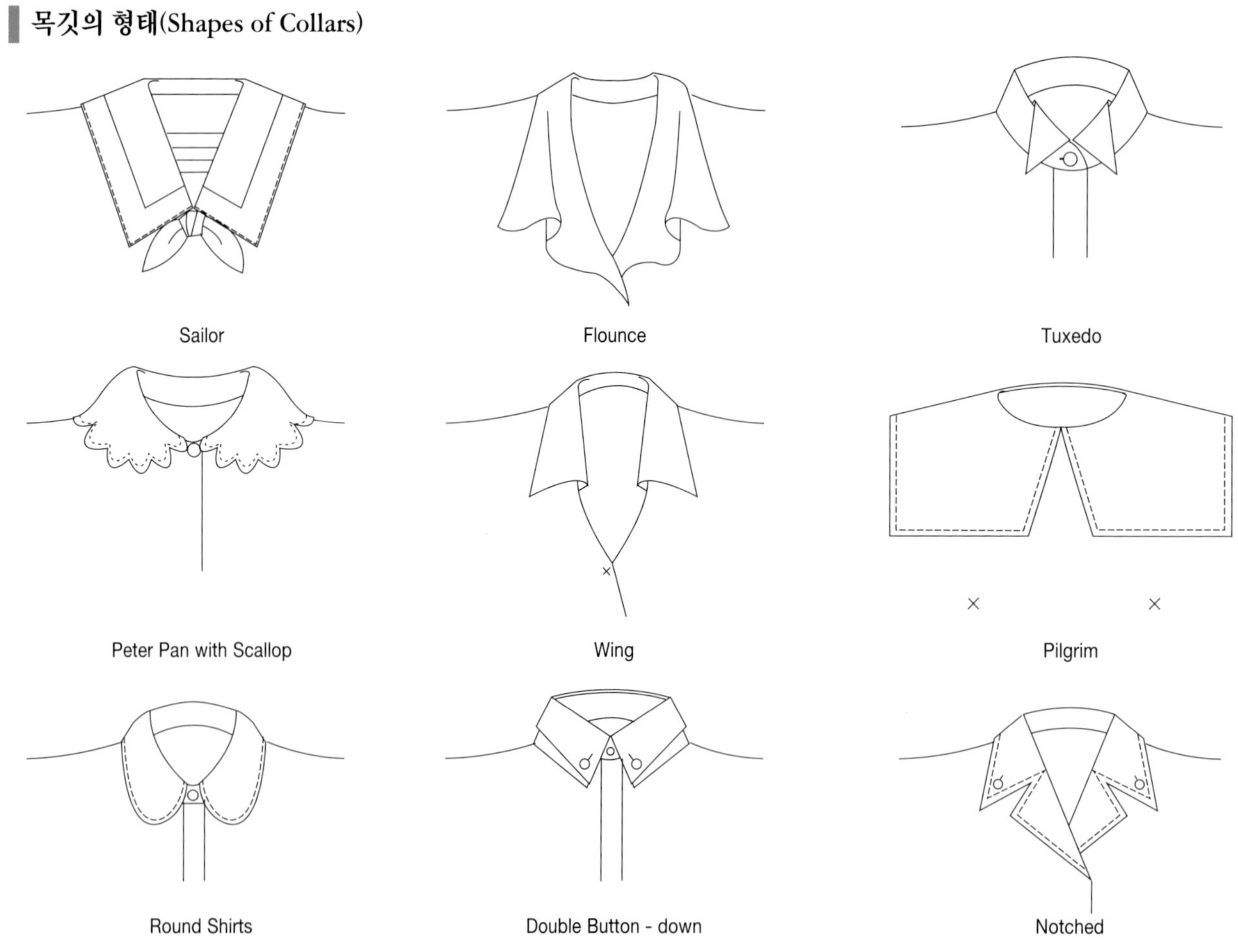

라펠의 형태(Shapes of Lapels)

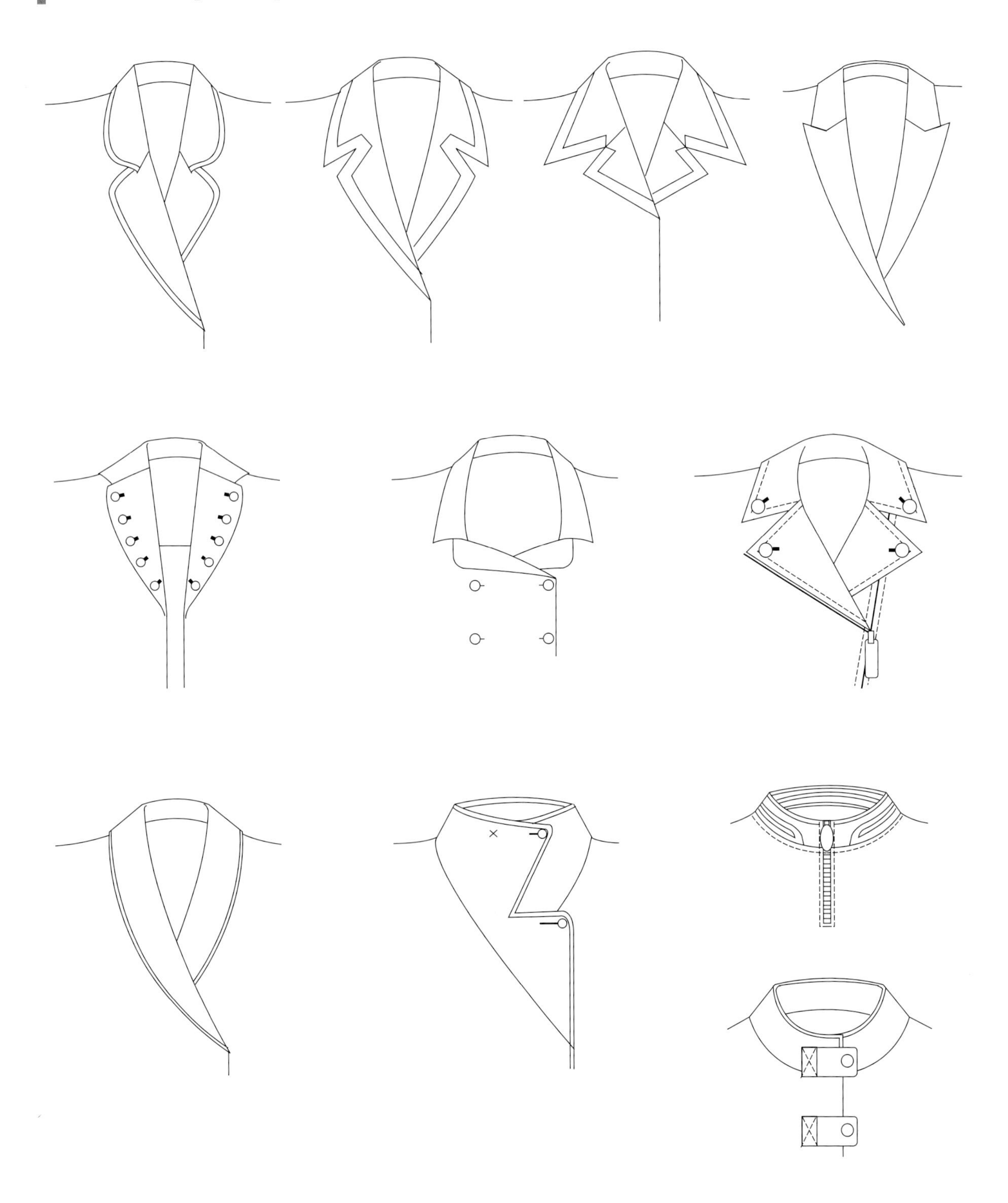

소매의 형태 (Shapes of Sleeves)

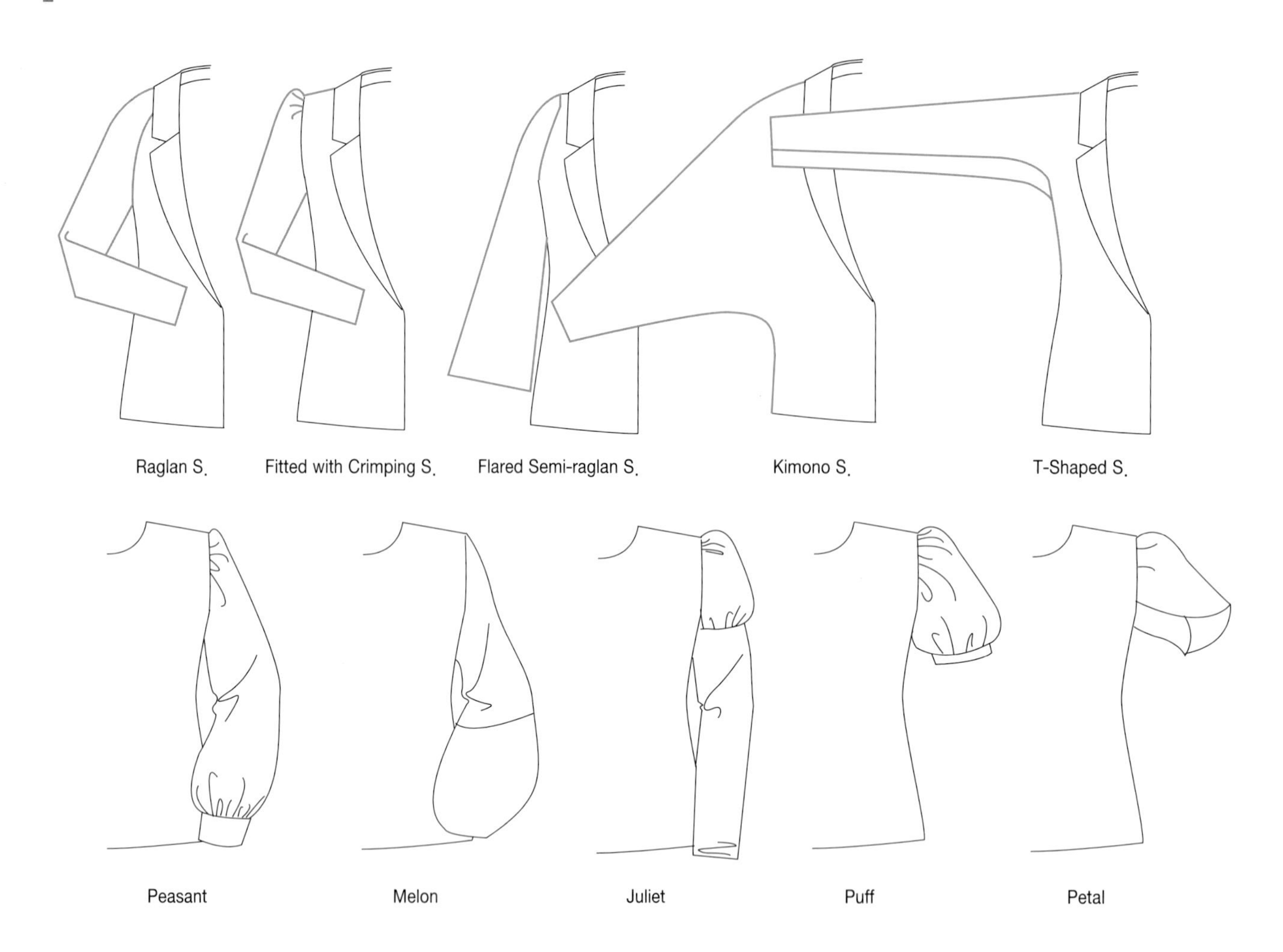

소매의 길이(Lengths of Sleeves)

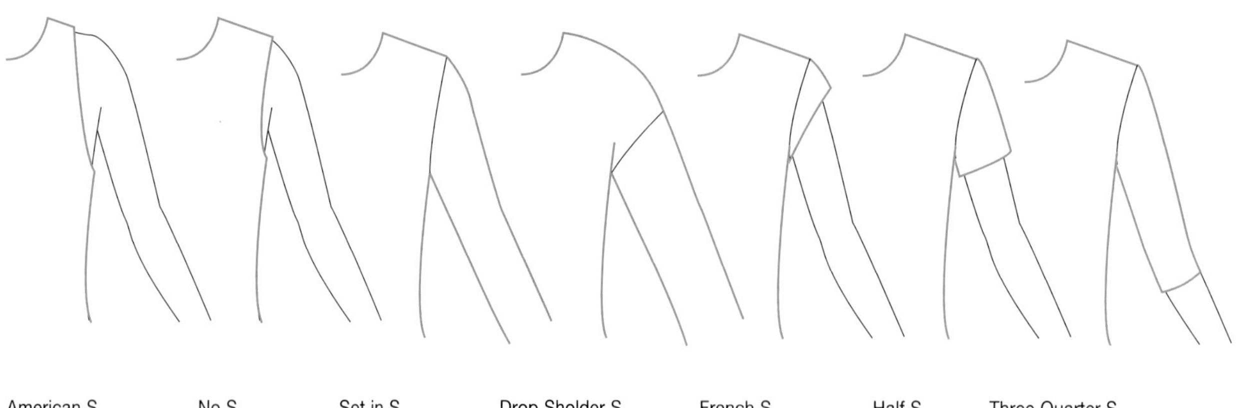

셔츠와 재킷의 디테일 (Details of Jackets and Shirts)

프론트 컷 (Front Cut)　　벤트 (Vent)

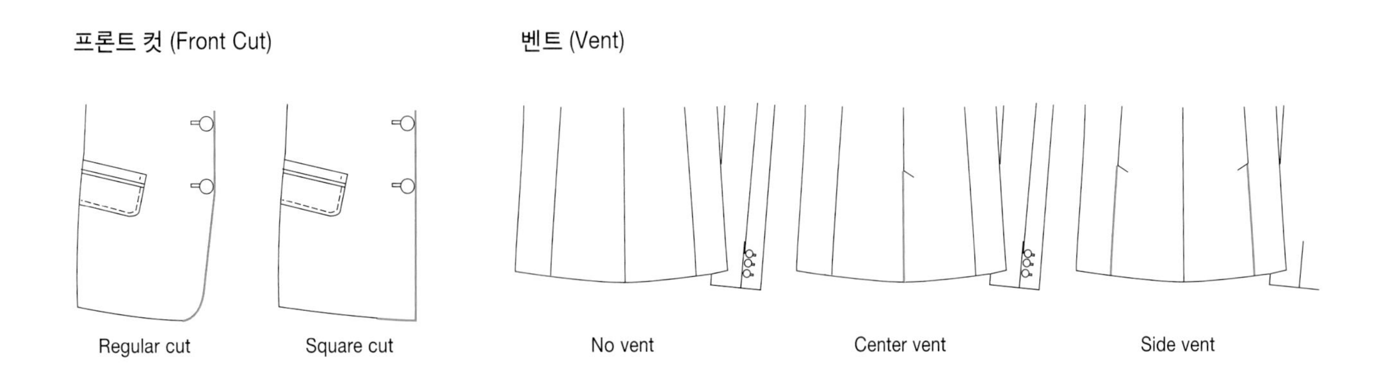

뒷 형태 (Shirts' Back)　　도련 (Shirts' Bottom)

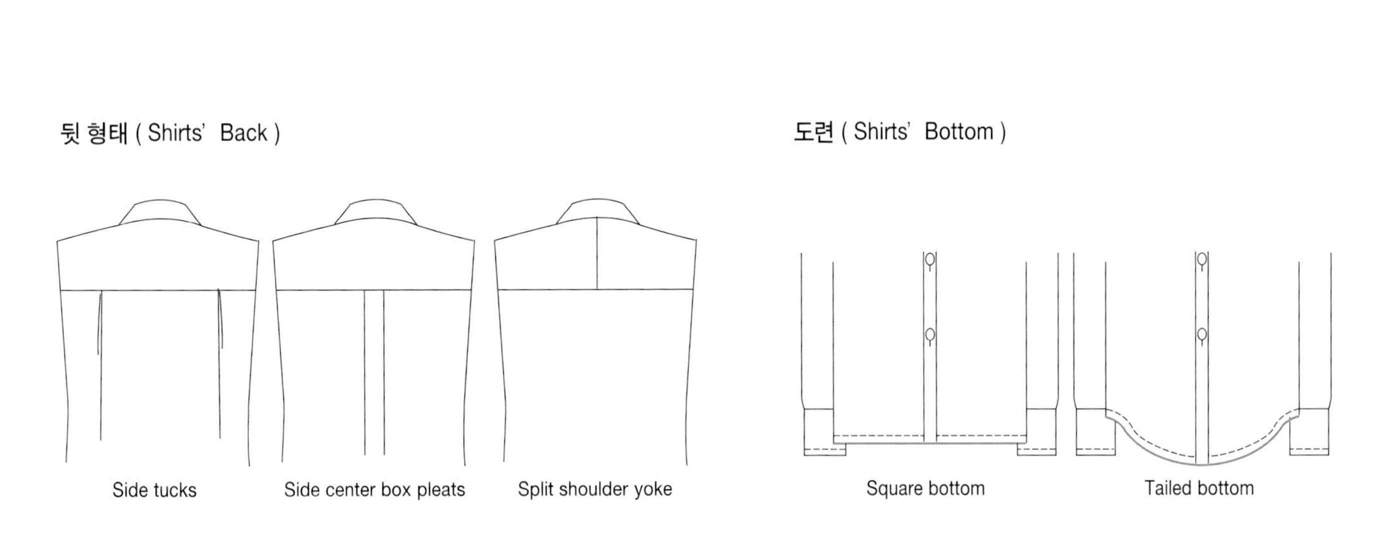

커프스 (Cuffs)

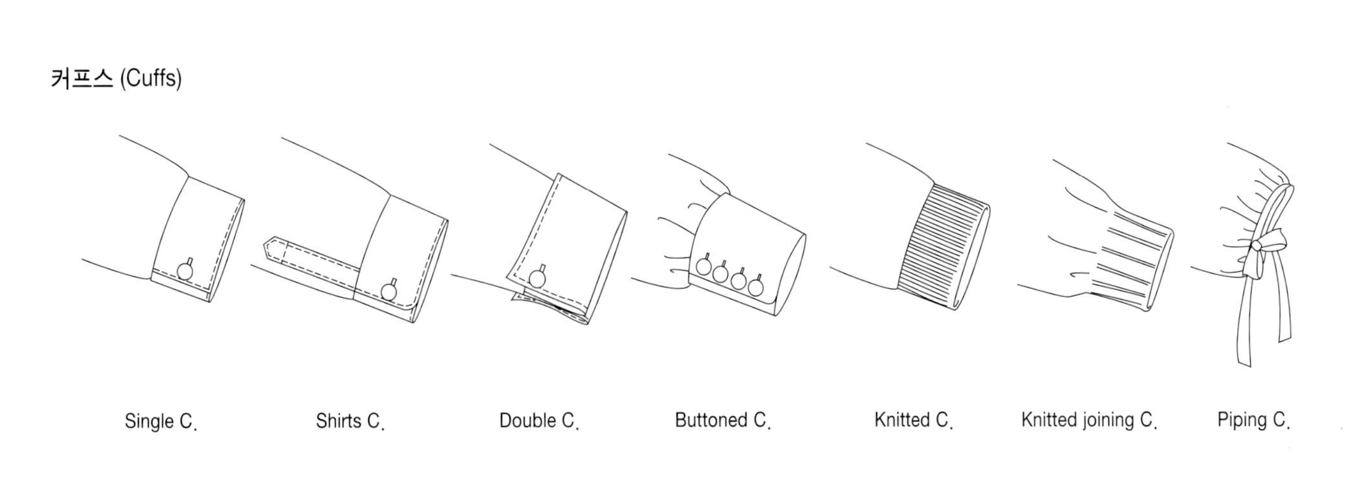

여밈과 주머니의 종류 (Subsidiary Materials)

여밈 (Fastenings)

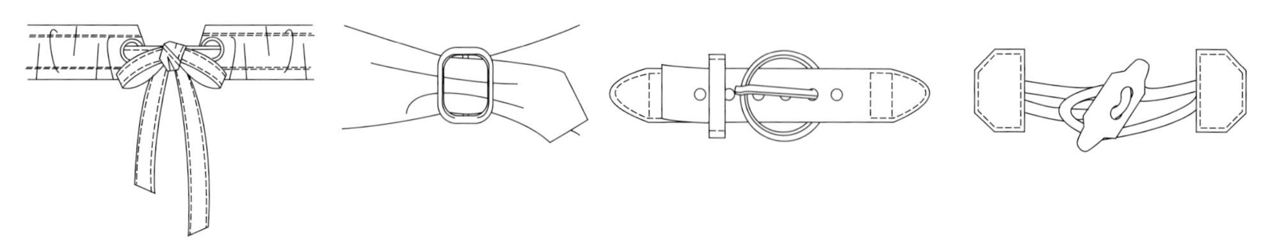

주머니 (Pockets)

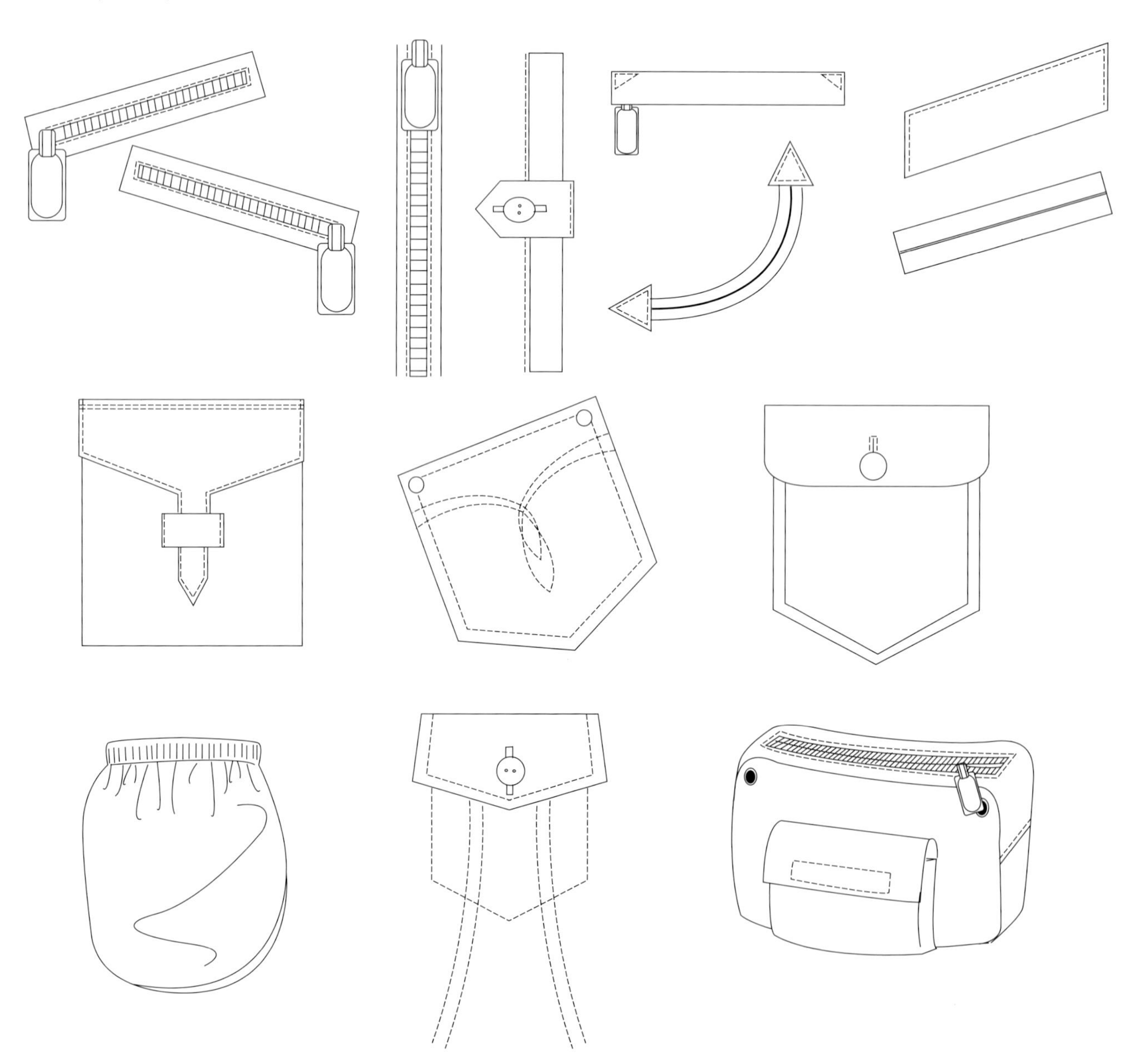

남성 상의 (Men' s Upper Garments)

남성복의 경우, 근소하긴 하나 의외로 다양한 실루엣과 디테일을 가진다. 스티치의 표현도 간과하지 말고 정확히 표현한다.

자연스러운 선으로 표현하면 도식화가 한층 편안해 보일 수 있다.

여성 상의 (Women' s Upper Garments)

여성복의 도식화는 남성복에 비해서 아기자기한 느낌으로 완성된다.

섬세한 디테일일수록 더 정확히 표현해 주도록 한다.

니트의 경우, 형태뿐 아니라 짜임이 달라지는 모양새를 꼭 표현해 준다.

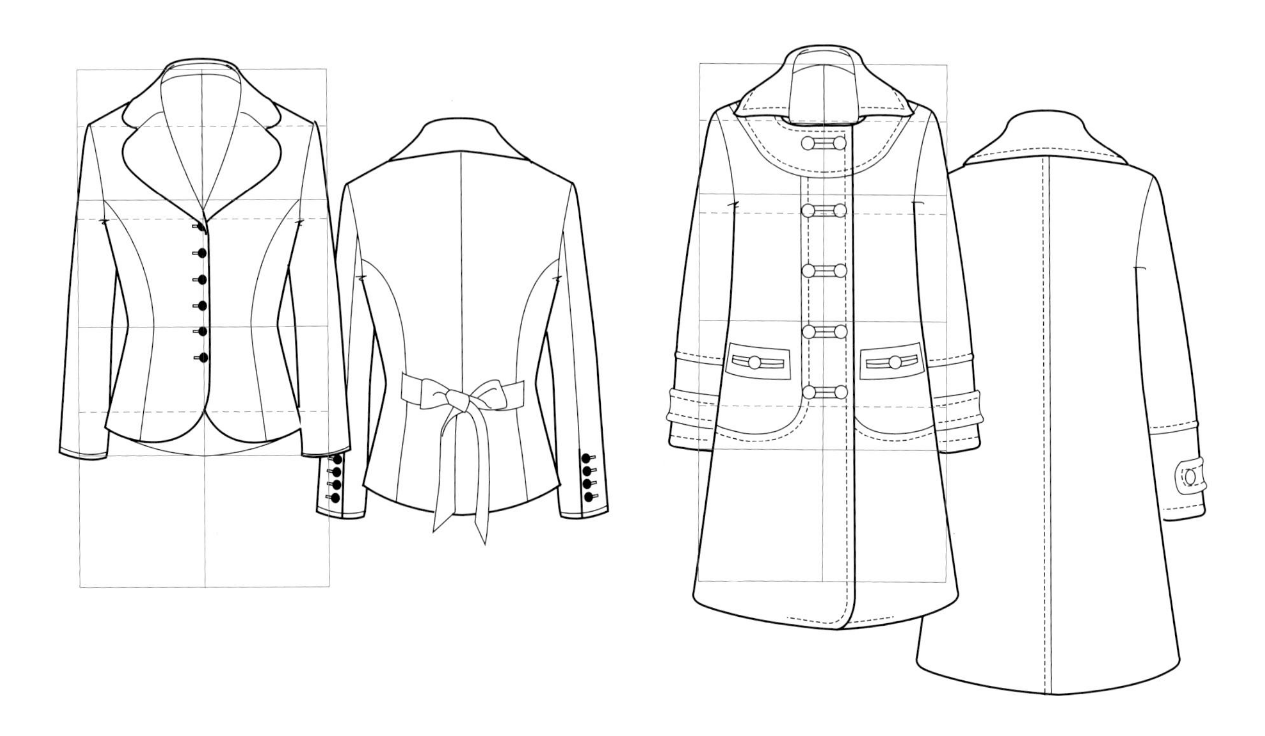

스커트와 팬츠의 길이, 실루엣 변화 (Types of Bottoms)

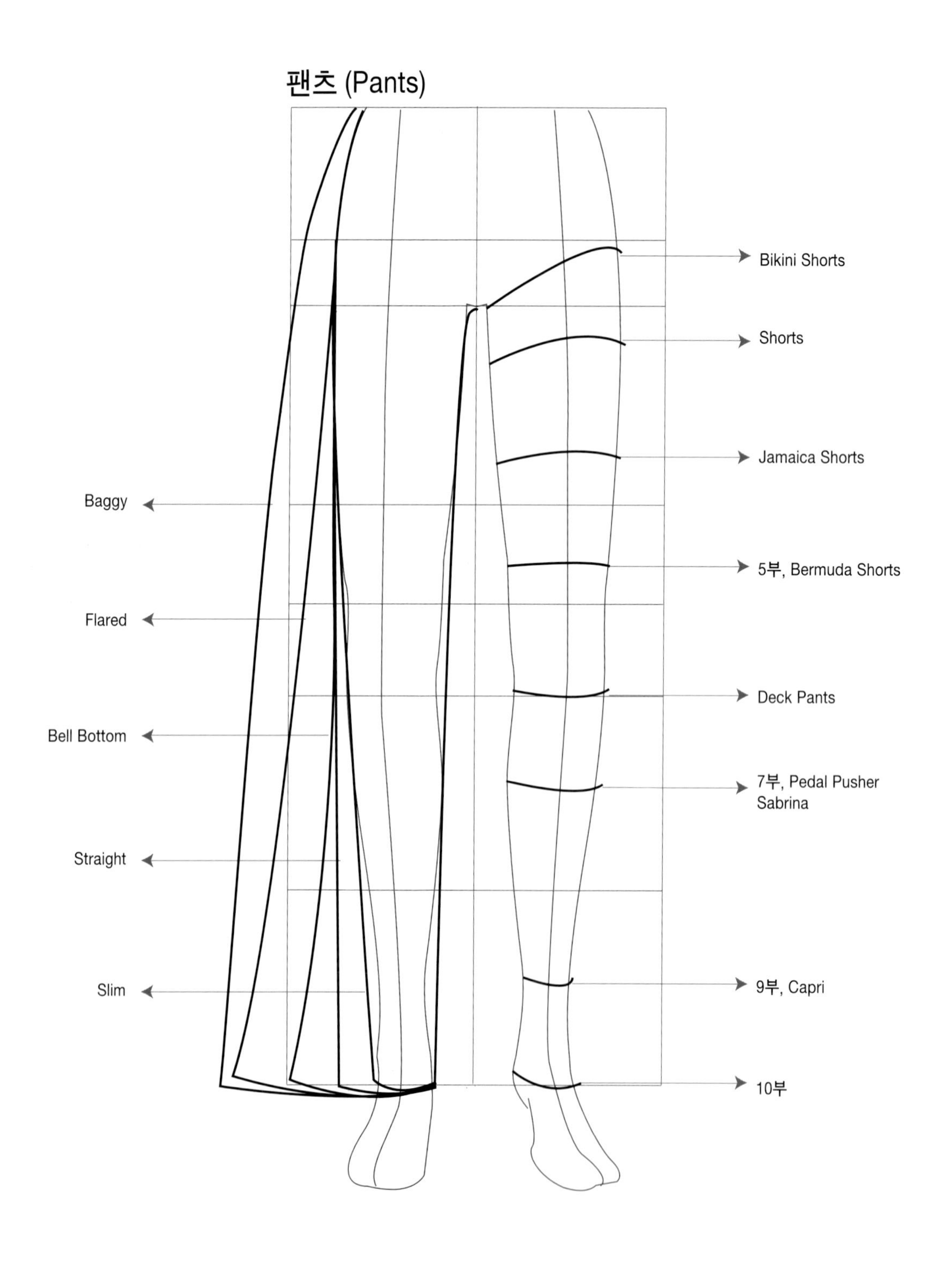

스커트 (Skirts)

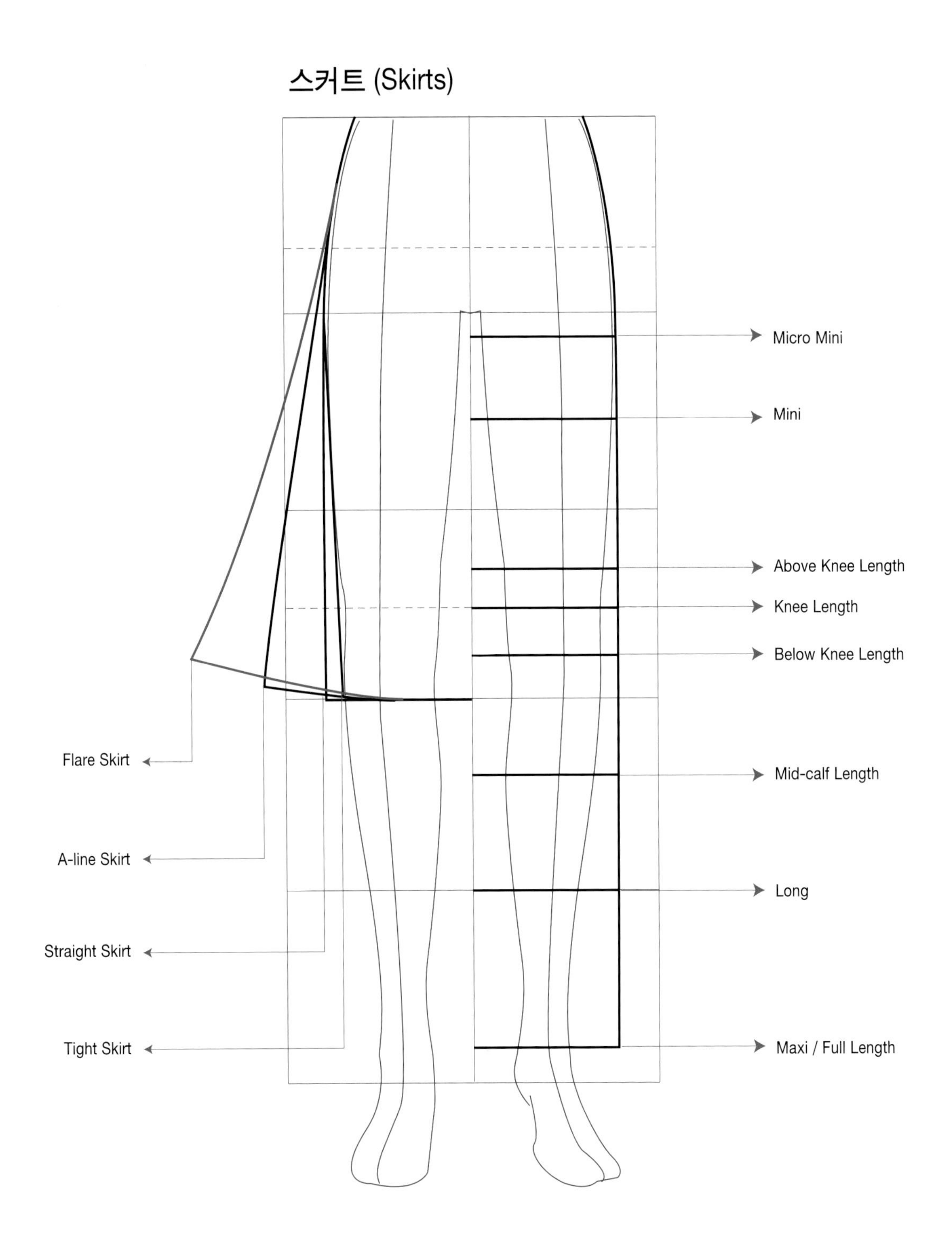

Micro Mini
Mini
Above Knee Length
Knee Length
Below Knee Length
Mid-calf Length
Long
Maxi / Full Length
Flare Skirt
A-line Skirt
Straight Skirt
Tight Skirt

주름장식 (Ruffles and Pleats Decoration)

주름장식은 그릴 때, 겉면의 주름모양뿐 아니라, 도련 선을 그려주어야 주름이 얼마나 겹쳤는지, 어떻게 봉제되었는지를 알 수 있다.

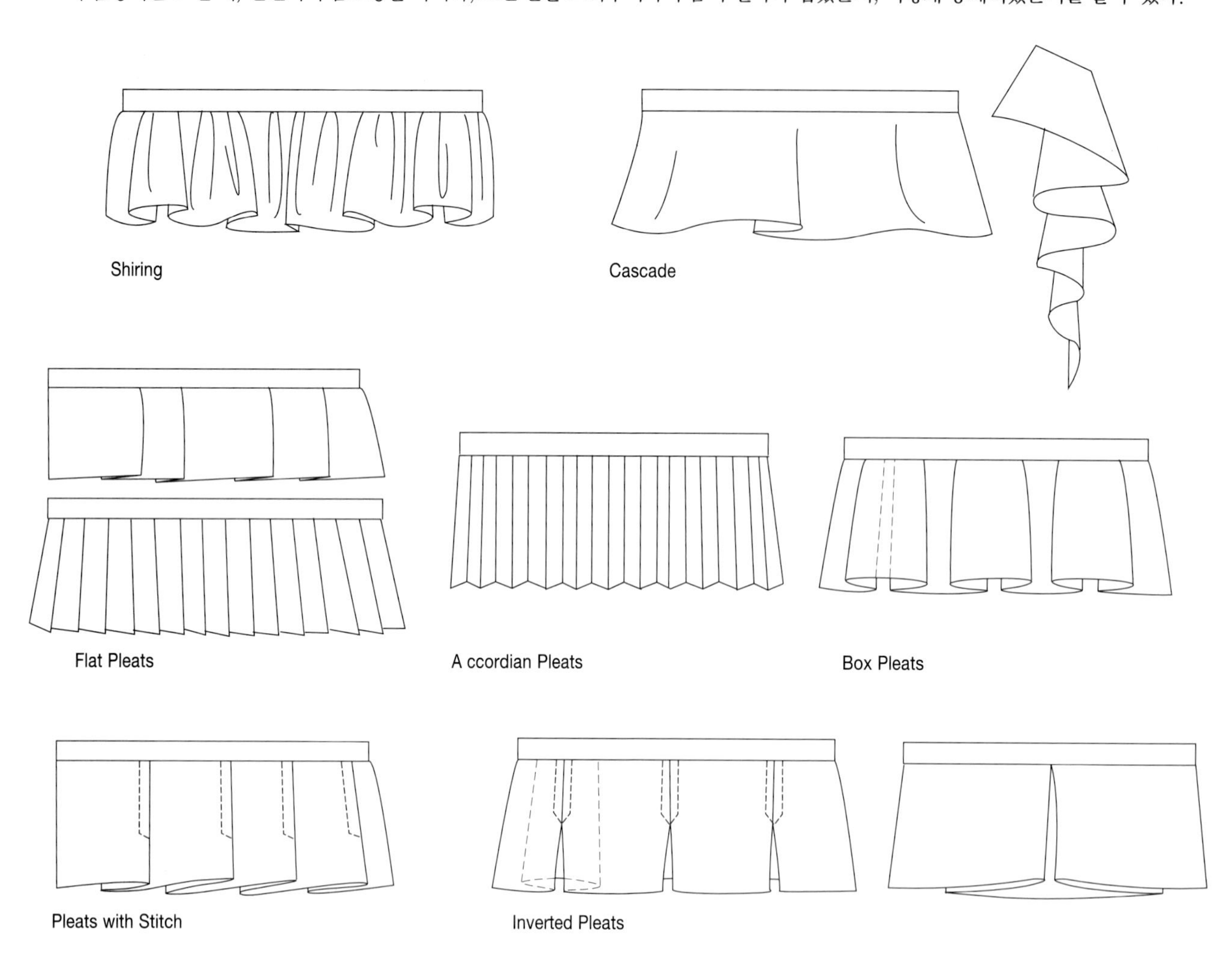

봉제장식 (Needlework Decoration)

패딩과 퀼팅은 어떠한 형태로든 가능하나, 패딩의 경우 충전재의 두께에 의해 실루엣이 볼록하게 변한다.
스티치는 점선으로 그려준다.

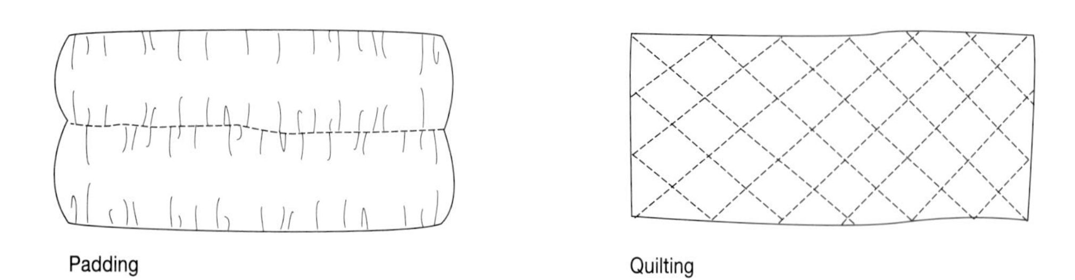

팬츠의 도식화 순서 및 응용 (Order of Pants Drawing)

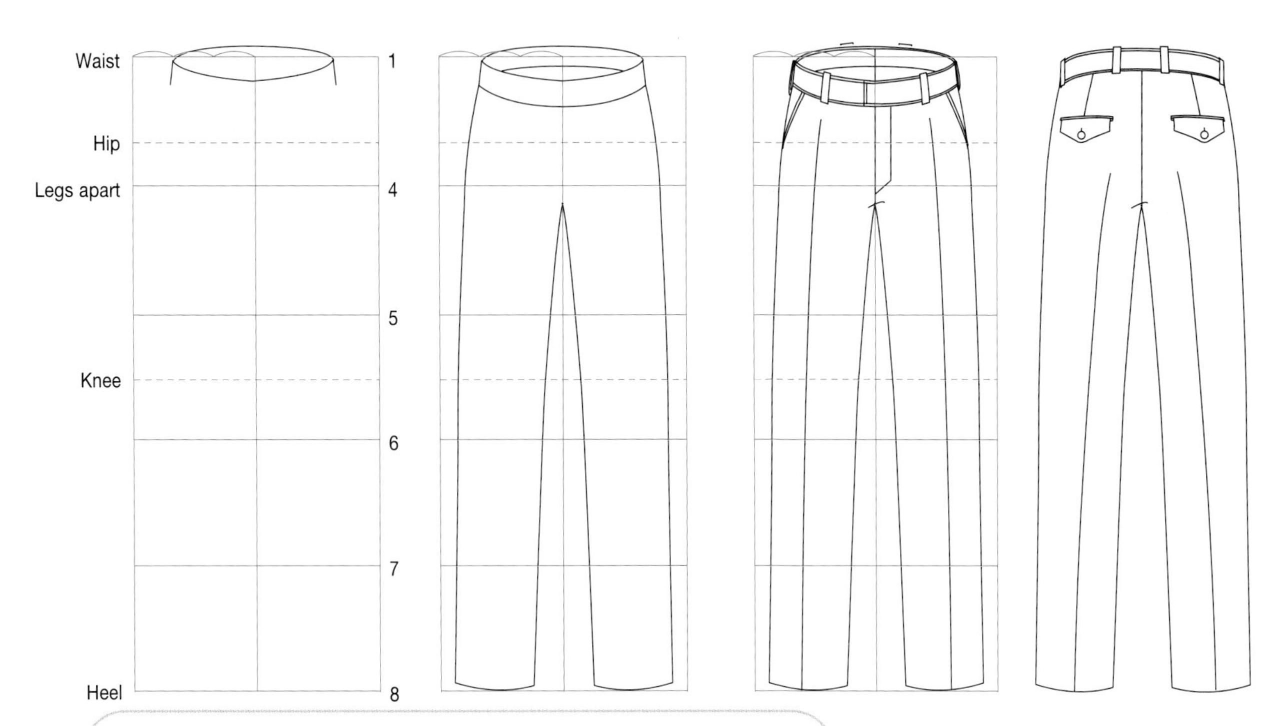

1. 우선 허리밴드를 그려준다. 이때 밴드가 정 허리에 있다면 3번 선부터 시작되지만 골반팬츠의 경우에는 이보다 아래쪽에 밴드를 그려주며 넓이도 더 길게 한다.
2. 팬츠의 실루엣을 그려준다.
3. 세부 디테일을 완성한다.
4. 뒷모습을 그려준다.

하프팬츠
일반적으로 짧지만 넓은 실루엣으로 그려진다.

반 골반 하프팬츠 표현의 예
중요한 세부 디테일은 별도로 확대해서 그려준다.

팬츠와 스커트 (Pants & Skirts)

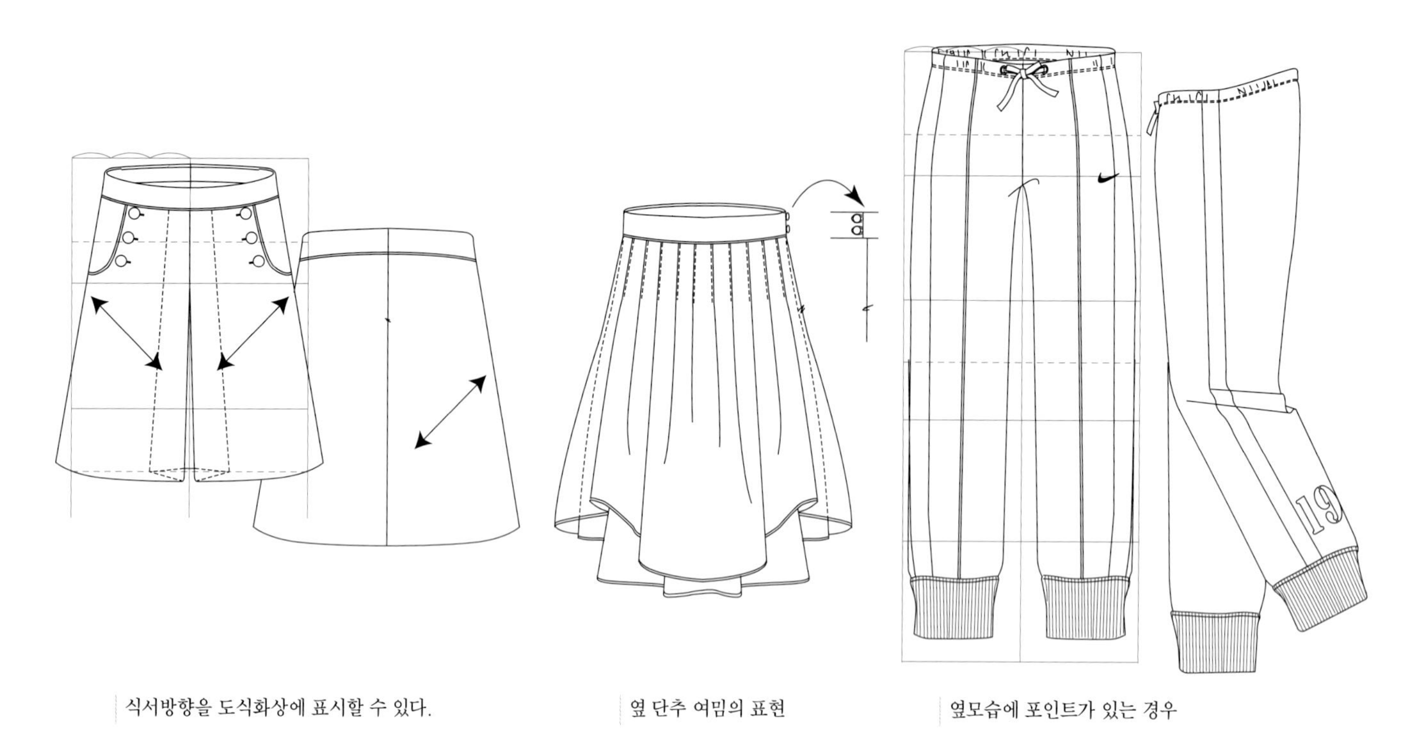

식서방향을 도식화상에 표시할 수 있다.

옆 단추 여밈의 표현

옆모습에 포인트가 있는 경우

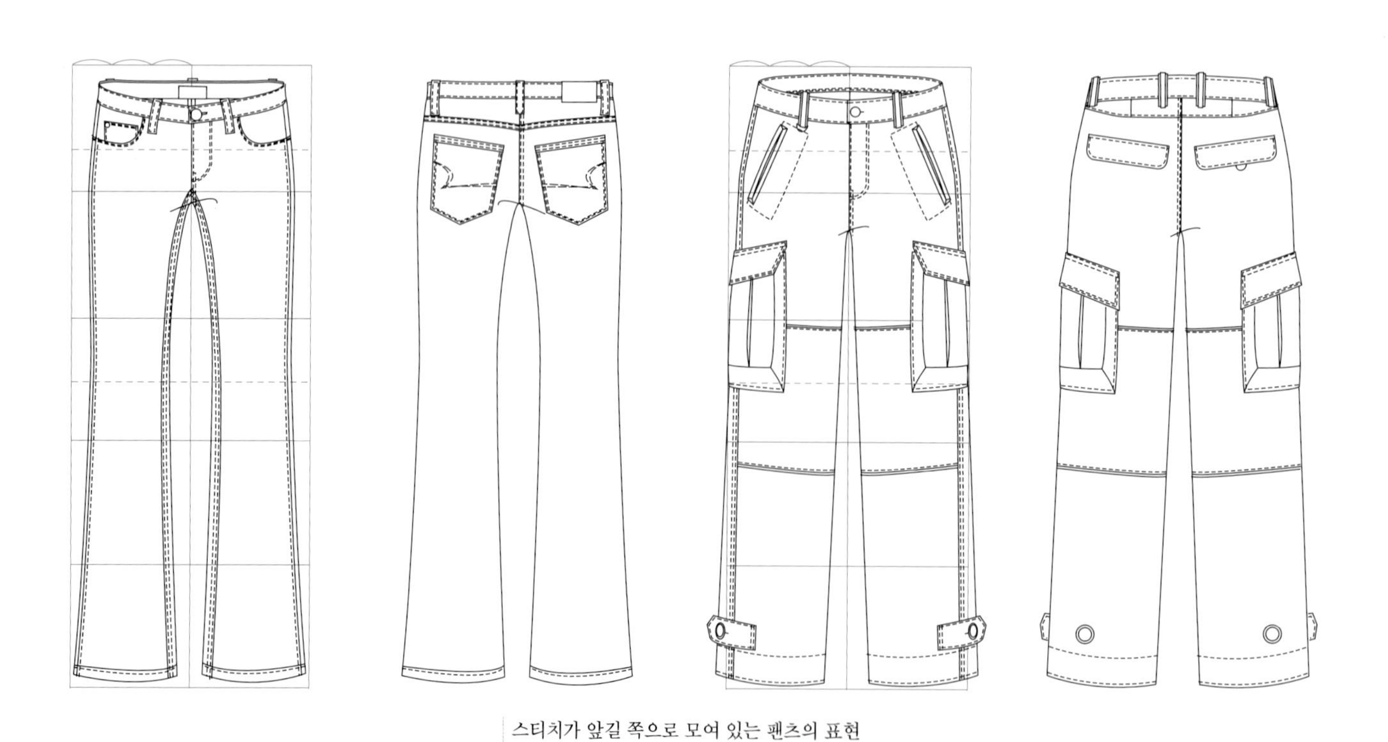

스티치가 앞길 쪽으로 모여 있는 팬츠의 표현

그 밖의 소품들 (Other Fashion Items)

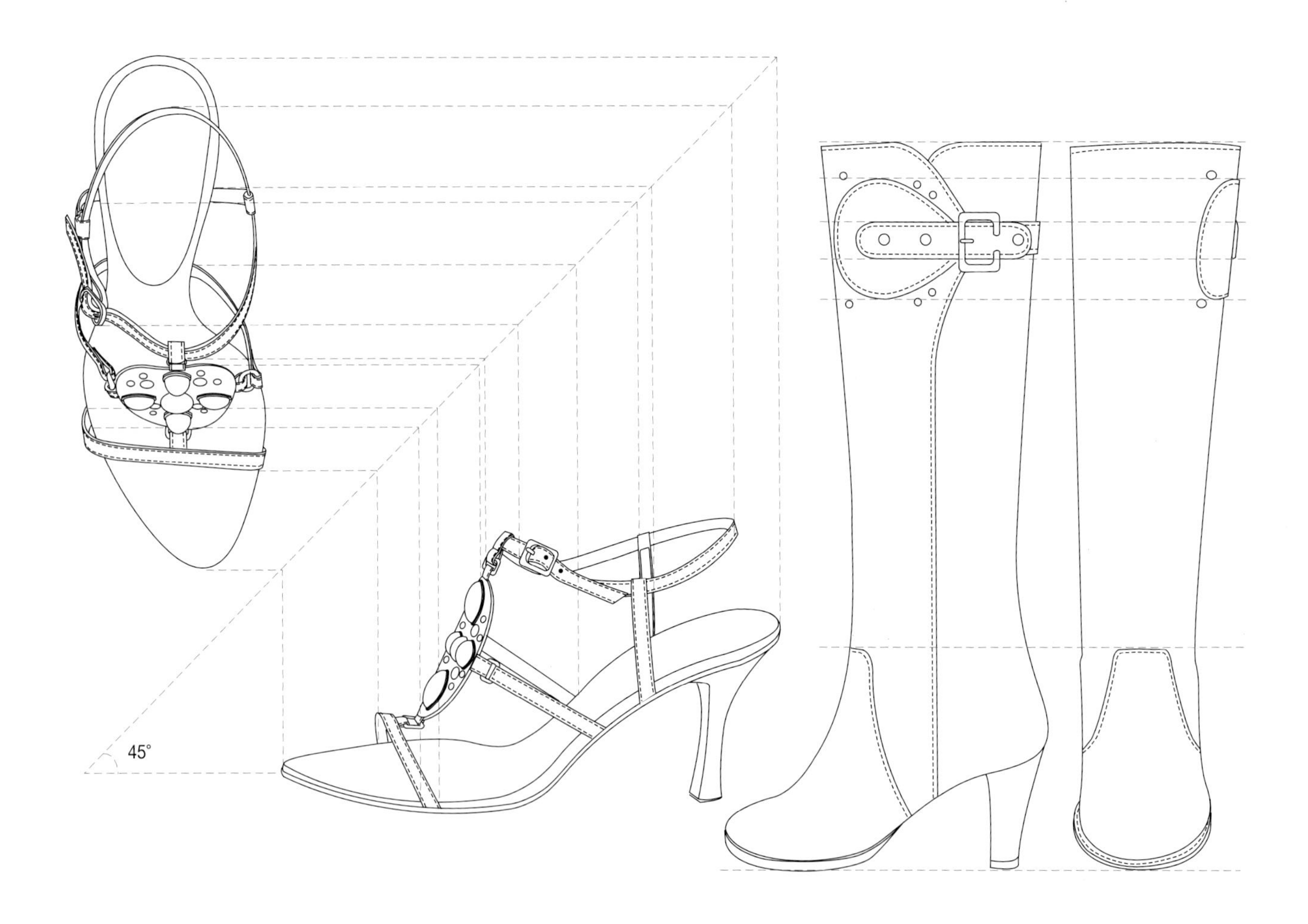

패션 소품의 도식화는 단순히 정면, 뒷면이 아닌 제품의 모양새를 좀 더 정확히 알 수 있는 위치를 그려 주는 것이 바람직하다. 넓이나 길이 등이 그릴 때마다 다르게 느껴진다면 위와 같이 한쪽 면을 그린 후 가이드라인을 그어가면서 다른 측면을 그리면 보다 정확한 형태감을 얻을 수 있다.

신발 (Shoes)

간과할 수 있는 굽의 모양, 스티치의 간격, 부자재의 종류를 정확히 파악하고 그린다.
밑창의 모양도 신발 자체의 모양만큼이나 다양하다.

가방 (Bags)

가방은 다양한 방향에서의 도식화를 필요로 한다. 윗면과 밑면, 옆면, 내부 모양 등, 필요한 면의 모양을 충분히 살핀 후 그린다.

Orientation 2

패션 일러스트레이션의 표현

패션 일러스트레이션의 표현기법 (Expression of Fashion Illustration)

패션 일러스트레이션에 있어서 가장 중요한 역할을 하는 것 중의 하나가 표현기법이다. 어떤 재료를 어떻게 사용하느냐에 따라 같은 디자인이라도 전달되는 시각적인 감정이 달라진다. 작가의 주제의식과 표현대상을 실제로 대중들에게 인식시키는 매개체 역할을 하는 것이 바로 표현기법이다. 특히 오늘날에는 일상적인 재료에 대한 새로운 접근과 기술발전에 따른 표현기법의 다각화로 인해 그 선택의 폭이 넓어진 만큼, 적절한 재료와 기법의 선택은 패션 일러스트레이션의 표현에 결정적인 요소가 된다. 따라서 특정대상에 대한 조형적인 표현을 모색함에 있어 전달하고자 하는 주제에 따라 이를 효과적으로 달성할 수 있는 적절한 표현기법을 선택할 수 있는 창조적인 능력을 개발해야 할 것이다.

평면적인 표현기법

평면적인 표현기법은 가장 기본적인 표현방법으로 과거에는 대상에 대한 사실적인 표현에 주로 사용되었고 현대에 이르러서는 이미지 중심의 표현에도 광범위하게 이용되는 등 그 발전을 계속해 오고 있다. 또한 표현력에 대한 새로운 개발이 끊임없이 시도되면서 그 방식들이 다양해지고 있다. 대표적인 예로 페인팅기법, 에어브러시, 판화기법, 수묵기법과 사진과의 합성, 컴퓨터그래픽 등의 방법이 있다.

페인팅기법 (Techniques of Painting)

페인팅 기법이란 물감과 용매를 섞어서 벽판, 천, 가죽, 종이 등에 부착시켜 화면을 완성하는 기술로 1910년대 이래 수많은 패션 일러스트레이션 작가들에 의해 가장 폭넓게 사용되어 온 기법이다. 전통적으로 연필 및 색연필, 잉크, 먹, 목탄 및 콩테, 수채화물감, 포스트칼라, 파스텔 등이 가장 많이 사용된 재료이고, 그 후 계속되는 재료의 발달로 마커, 크레용 및 오일, 파스텔, 아크릴 물감 등도 폭넓게 활용되었다. 재료를 손쉽게 사용할 수 있고 또한 작가의 표현능력에 따라 같은 재료로 다양한 표현을 할 수 있는 장점이 있다. 그러나 이는 곧 항상 새롭고 독창적인 표현능력 개발에 대한 부담이 과제로 남아 있음을 의미하는 것이다.

에어브러시 (Air Brush)

붓을 사용하지 않고 공기의 압축에 의해 잉크를 분사하는 방법으로 채색하는 표현기법이다. 인간의 손으로는 표현하기 힘든 자연적인 부분이나 사진과 같이 극도로 정밀한 부분을 표현해 낼 수 있는 장점이 있다. 매우 부드러운 그라데이션 표현이 가능하고 여러 가지 색을 혼합하여 사용할 수도 있다. 초현실주의자들의 작품에서 이를 이용한 독특한 표현을 엿볼 수 있으며 하이퍼리얼리즘(Hyper realism)도 에어브러시의 사용을 확대시켰다.

판화기법 (Engraving)

판화는 사진술, 인쇄술이 보편화되기 이전인 15세기부터 현대에 이르기까지 광범위하게 사용되고 있는 표현기법이다. 15세기에 시작된 동판화는 원작품의 복제가 가능하다는 판화의 특징으로 인해 예술적이고 미적인 표현을 위한 목적 외에 기록 또는 자료로서의 의미를 더불어 가지고 있었다. 17세기에는 주로 에칭(Ething) 기법을 이용하여 의상과 직물의 질감을 섬세하게 표현하였으며, 19세기에는 엔그레이빙(Engraving), 석판화(Lithography), 실크스크린(Silk Screen), 모노프린트(Mono Print) 등 다양한 판화기법들이 활용되어 현재까지 발전하고 있다. 초기의 판화는 형상의 복제와 전달의 수단으로 주로 활용되었으나, 사진술이 탄생한 이후부터는 표현주의 예술가들에 의해 새로운 표현기법으로 대두되어 예술성을 인정받고 있으며 다양한 표현기술이 발달한 현대에 와서도 나름대로의 독특함과 개성을 강조하기 위한 표현방법으로 사용되고 있다.

수묵기법

수묵은 먹이라는 단일재료를 사용하여 선의 묘사와 농담의 효과만으로 명암과 빛의 움직임은 물론 입체감 및 대상의 질감까지도 종합적으로 표현해 낼 수 있는 동양 회화의 기법이다. 수묵의 가장 큰 특징은 선의 방향, 강약, 장단 등에 의해 나타나는 자유롭고 미묘한 선의 표현을 중시하며, 또한 농담의 효과를 통해 다양한 색채감과 역동적인 표현을 가능하게 한다는 점이다. 원래 동양 회화의 기법이던 수묵기법은 이제 패션 일러스트레이션의 영역으로까지 그 범주를 확장시켰다. 붓, 콘테 등을 사용하여 선을 강조하고 배경을 생략하여 생동감있고 다이내믹한 표현으로 실루엣을 강조한 19세기 후반의 패션 일러스트레이션 작품들이 수묵기법의 영향을 받은 것들이다. 이러한 시도는 계속되고 있으며 그 기법도 더욱 발전하고 있다.

사진과의 합성

사진의 발달은 패션 일러스트레이션의 역사에 있어서 가장 중요한 요소 중의 하나이다. 최초에는 패션 일러스트레이션의 존재의의를 위협하는 심각한 수단으로 작용한 적도 있었지만 결국은 그 발전을 촉진시키고 새로운 기능과 예술적 가치를 인식하게 하는 주된 역할을 담당한 것도 바로 사진이었다. 사진과의 합성기법을 이용한 작품은 사진과 패션 일러스트레이션 양자의 장점을 취하되 이를 한 화면 속에 나타냄으로써 장점들의 단순한 합을 넘는 새로운 차원의 예술적인 느낌을 얻기 위한

것이다. 표현방법으로는 그림과 사진을 결합하는 포토콜라주(Photo Collage), 사진을 합성하는 포토몽타주(Photo Montage), 시리즈 사진이나 상이한 이미지 사진들을 격자로 결합하는 포토그리드(Photo Grid) 등이 있다.

컴퓨터 그래픽 (Computer Graphic)

컴퓨터를 작업도구로 활용하여 기존에는 경험하지 못했던 새로운 시각적 효과들을 창조할 수 있는 가능성을 제시함으로써 예술가들의 표현영역을 보다 확장시키는 데 크게 기여했다. 컴퓨터 기술의 발전은 과거에는 손으로 쉽게 표현할 수 없는 많은 부분을 가능하게 만들었다. 또한 컴퓨터작업은 화면상의 색상, 선, 면 등을 쉽게 변형, 수정하고 이를 저장할 수 있으므로 다양하고 흥미로운 이미지를 창조할 수 있으며 작업시간을 단축할 수 있는 장점도 있다. 오늘날, 컴퓨터를 이용한 다양한 표현방법은 많은 가능성으로 인해 주목받고 있으며 새로운 시대의 특징으로 인식되고 있다.

입체적인 표현기법

의상의 조형성을 보다 효과적으로 나타냄으로써 시각적 전달 기능을 향상시킬 수 있다. 또한 이 기법은 다양한 소재와 재질감을 감각적으로 표현하기에 적합하다. 대표적인 예로 파피에 콜레, 콜라주, 프로타주, 엠보싱, 부조 등이 있다.

파피에 콜레 (Papier colle)

그림의 일부에 종이를 붙여서 표현하는 기법으로 피카소가 고안해내고 입체주의 화가들에 의해 발전했다. 이때 주로 사용되는 재료는 신문지, 우표, 벽지, 상표, 인쇄물, 차표 등 실생활에서 널리 사용되는 종이로서 이를 통해 화필에 의한 묘사와 함께 더욱더 풍부한 현실감을 표현하고자 하는 의도였다. 이후에 콜라주(Collage)로 발전하게 된다.

콜라주 (Collage)

불어의 Colle(풀로 붙이다)에서 유래된 말로서 “하나의 받침판 위에 이중 재료의 조각들을 붙이고 조립하여 구성하는 표현기법”을 의미한다. 입체주의에 의해 시도된 파피에 콜레 기법이 다다이즘에 의해 다양화되면서 그 의미와 방법이 확대되었다. 즉, 종이만을 이용한 평면적인 구성에서 인쇄물, 실, 천, 철사, 종이, 모래 등의 다양한 소재를 이용한 입체적인 화면구성으로 발전된 것이다. 이 기법은 일상의 비예술적인 다양한 소재를 이용함으로써 보다 입체적이고 다양한 표현효과를 도모하고 있으며 섬유 · 회화 등 각종 예술분야에서 광범위하게 사용되고 있다.

프로타주(Frottage), 엠보싱 (Embossing)

프로타주는 ‘마찰’, ‘문질러대다’라는 뜻으로 요철이 있는 면 혹은 재질감이 풍부한 물체의 표면에 종이를 놓고 손바닥으로 강하게 누르거나 혹은 도구로 문질러서 종이의 표면에 그 재질감이 드러나도록 하는 기법을 말한다. 어탁, 탁본 등이 여기에 속한다. 엠보싱은 두꺼운 종이로 형지를 만들어 프레스로 눌러 찍어내는 방법으로 양각과 음각표현이 모두 가능하다. 이러한 기법들은 시각적인 재질감을 입체적으로 표현하기에 용이한 것이다.

부조(Relief)

표현방식의 발달에 따라 재료의 특성을 더욱 효과적으로 부각시킬 수 있는 부조적인 표현이 등장하였다. 다양한 효과를 살린 종이접기와 종이를 잘라서 볼록하게 만들어 붙임으로써 반입체적인 형태를 만드는 종이조각기법(Paper Relief), 수제지(Paper Making)를 이용한 부조적 표현, 빛의 명암을 이용한 조형기법, 종이 자르기를 이용한 드로잉 기법, 지점토, 직조 등을 이용한 다양한 부조방식이 등장하여 보다 3차원적인 입체감을 표현하려는 시도가 나타나고 있다.

다양한 표현기법의 파인 아트 (Various Expressions of Fine Art)

자신의 미적 감각과 일치하는 파인 아트의 이미지를 찾아서 스크랩해 보자. 작가와 출처에 대해서 기록하는 것은 물론이고 작가에 대해서, 작품제작의 배경과 작품의 용도에 대해서도 생각하는 시간을 가져보자. 이후 1~2개의 작품을 골라서 최대한 흡사하게 그려본다.

1

2

3

4

다양한 표현기법의 패션 일러스트레이션 (Various Expressions of Fashion Illustration)

자신의 미적 감각과 일치하는 패션 일러스트레이션의 이미지를 찾아서 스크랩해 보자. 작가와 출처에 대해서 기록하는 것은 물론이고 작가에 대해서, 작품제작의 배경과 작품의 용도에 대해서도 생각하는 시간을 가져보자. 이후 1~2개의 작품을 골라서 최대한 흡사하게 그려본다.

1

2

3

4

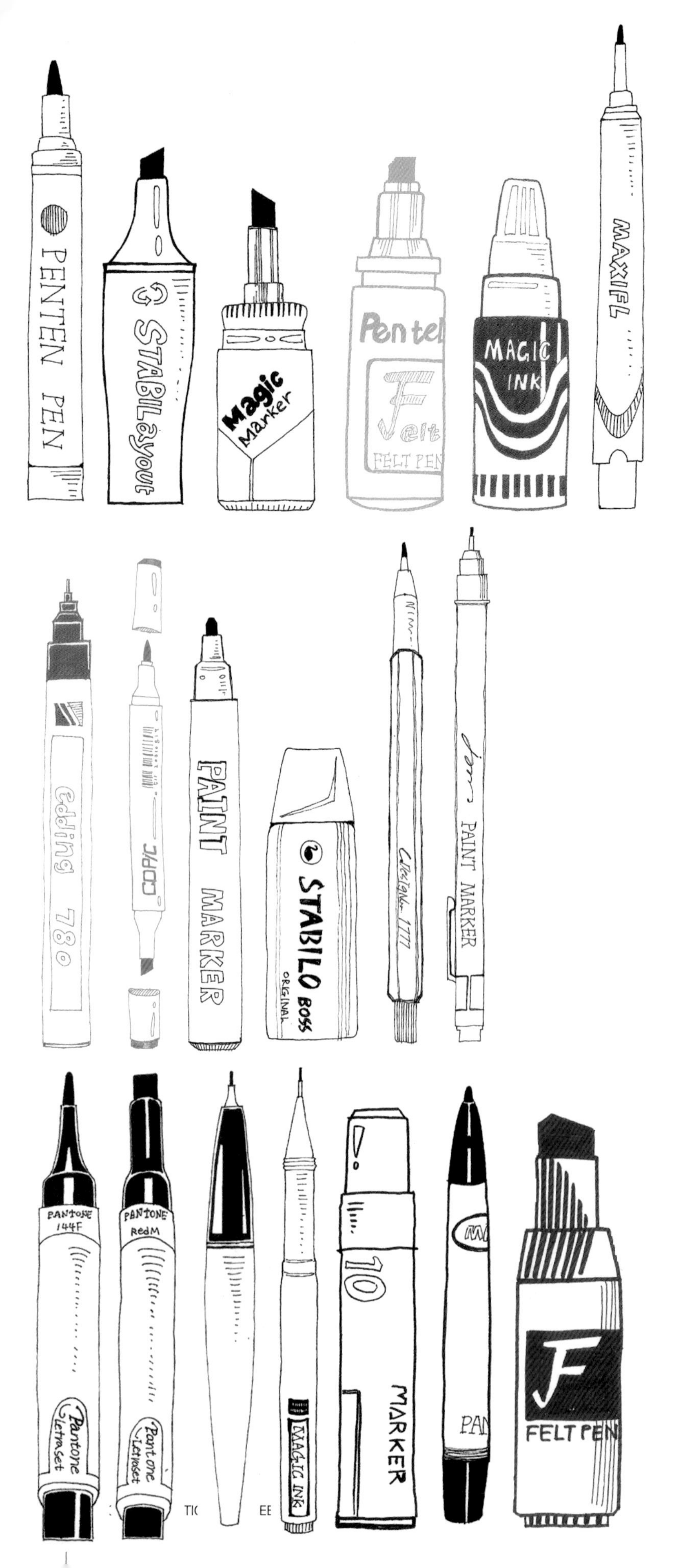
PENTEN PEN
STABILayout
Magic Marker
Pentel
FELT PEN
MAGIC INK
MAXIFL
edding 780
COPIC
PAINT MARKER
STABILO BOSS
ORIGINAL
PAINT MARKER
PANTONE 144F
Pantone Letraset
PANTONE RedM
Pantone Letraset
MAGIC INK
10
MARKER
FELT PEN

Markers

마커의 사용과 표현

18th week

19th week

마커의 사용 (Marker Materials)

마커는 알코올류의 유성 도료로서, 빠른 시간 안에 높은 완성도로 작업을 수행할 수 있기 때문에 특히 디자인 분야에서 활발하게 사용되고 있다. 특히 도식화나 스타일화처럼 그림의 완성이 신속해야 할 경우에 좋으나 그밖에도 자신만의 독특한 채색기법, 다른 재료와의 활용 등을 통해서 예술적인 작품을 제작할 수 있다. 아크릴은 수채화나 파스텔과는 달리 색감이 매우 인공적이고 강렬하다. 또한 초보들은 색감이 생각보다 다양하게 연출되지 않는 어려움을 겪어 두려움이 앞서게 되는 경우가 많다. 그러나 이 또한 반복적인 학습을 통해서 해결할 수 있으므로 많은 그림을 접하며 실습하는 것이 중요하다.

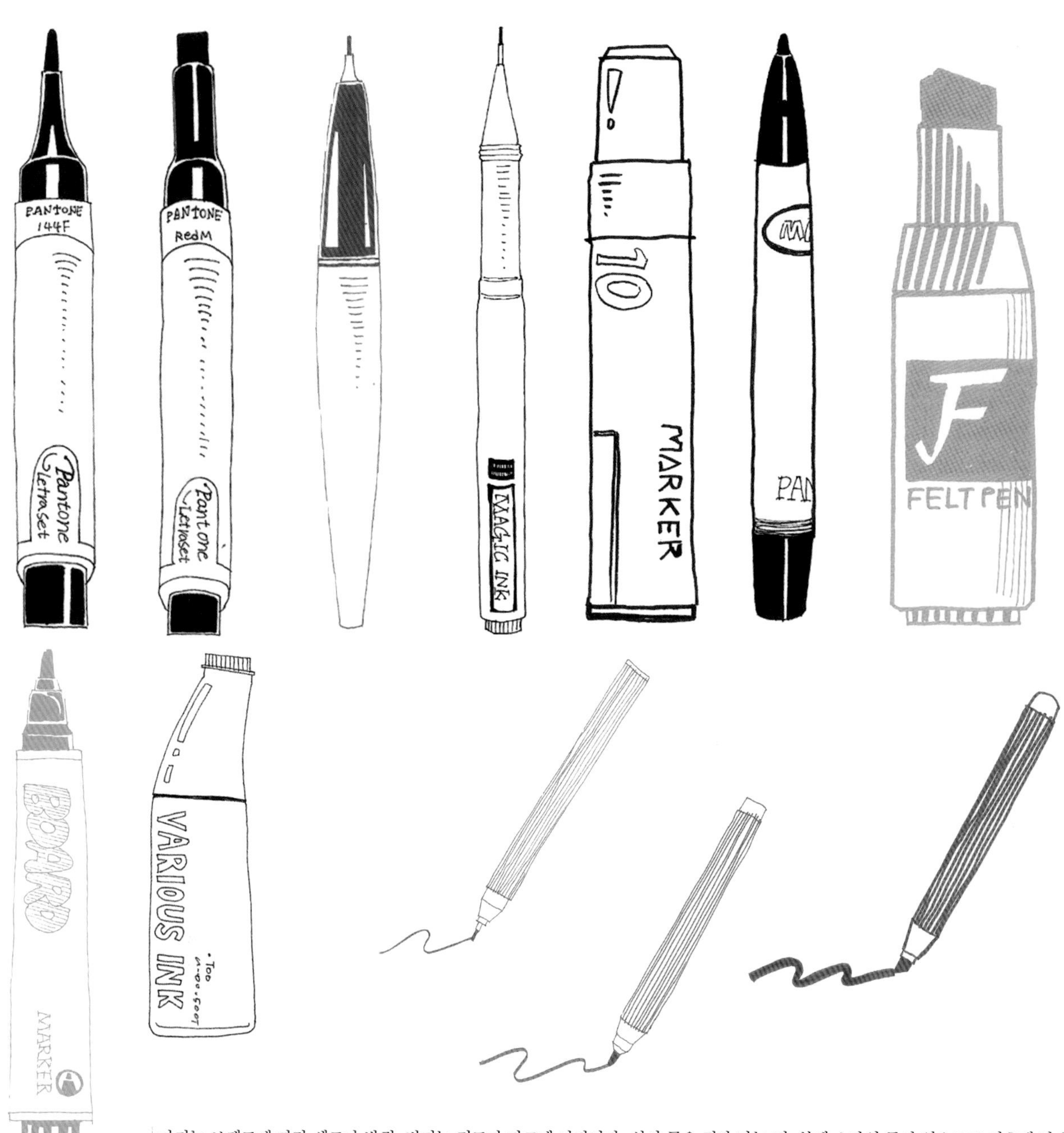

마커는 브랜드에 따라 색조나 발림, 번지는 정도가 다르게 나타난다. 심이 굵은 것과 가는 것, 붓펜 스타일 등이 있으므로 기호에 맞게 선택하면 된다. 보통 실제의 색감은 뚜껑에 표시된 것보다 진한 경우가 많으므로 마커를 구입하지마자 컬러차트를 만들어 사용하는 것이 좋다. 또 세트에 포함되어 있지 않은 색이나 잉크가 닳은 색은 개별 구입과 충전 잉크의 구입이 가능하다. 패션 일러스트레이션에서 많이 쓰이는 피부색과 음영을 만들어 주는 회색조, 부드러운 색감을 내는 파스텔 계열은 필요한 만큼 구비하는 것이 작품제작을 원활하게 한다.

마커는 모든 곳에 채색할 수 있으나 아크릴과는 달리 바닥재의 영향을 많이 받는다. 비닐 등 코팅된 면이나 트레이싱지에도 칠할 수 있으나 여러 차례 도포 시에 마커의 잉크가 말라 찌꺼기처럼 뭉칠 수 있으므로 매끄러운 표면은 이에 주의하여야 한다.
일반적인 수채화 수재지, 켄트지, 모조지, 일러스트 보드, 마커 전용지 등에는 채색 효과가 무난히 나타나나 수재지처럼 흡습성이 좋은 재질일수록 빽빽하고 불투명하게 칠해지며 발색은 선명해진다. 또한 종이가 얇고 매끄러울수록 마커가 쉽게 움직이나 다소 뿌옇게 채색된다. 종이는 성질에 따라 도포되는 양상이 매우 다양하게 나타나므로 되도록 많이 연습해 보고 자신에게 잘 맞는 것을 고르는 것이 좋다. 마커를 겹쳐 칠했을 때 얼룩이 잘 나타나는 것, 잘 나타나지 않는 것 등도 종이를 선택할 때 중요한 요인으로 작용된다. 보통 마커 전용지를 사용하면 무난하게 작업할 수 있지만 최근에는 한지, 캔버스 등도 의외의 발림성 때문에 잘 응용된다. 또한 색연필은 마커의 부족한 중간 톤을 낼 때, 혹은 정확한 묘사가 요구될 때 가장 친숙하게 사용되는 재료이다.

마커의 표현 (Basics of Markers Use)

러플의 표현

기본적인 회색톤으로 다음의 그림을 보고 충분히 연습해 보자.
러플의 입체적인 명암변화를 덧칠하기 방법으로 채색한다.

1

스케치를 한다.

2

가장 밝은 부분을 남기고 밝은 색부터 명암을 넣는다.

3

얼룩에 주의하며 점점 어두운 색으로 채색한다.

4

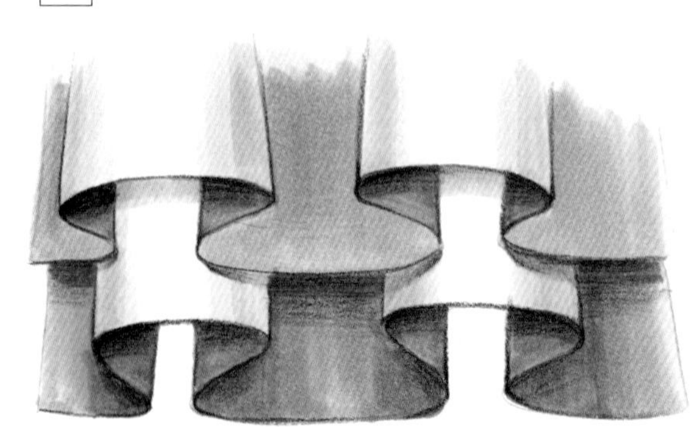

색연필로 세밀한 곳을 묘사해 준다.

TIP 마커 사용 채색시 주의할 점

마커를 처음 접할 때 겪는 어려움은 무엇보다 경계가 잘 생긴다는 점이다. 마커의 얼룩을 효과로 사용하는 경우가 아니라면 손을 재빠르게 이동하여 알코올 성분이 날아가기 전에 덧발라 부드러운 톤을 내도록 한다. 한 가지 색을 사용하더라도 여러 번 덧칠할 경우 색이 점점 더 진해지므로 주의한다.

재킷의 표현

재킷 라펠 부분의 섬세한 명암변화와 무늬를 색연필을 더하여 부드럽게 완성한다.

1. 스케치를 한다.
2. 재킷의 기본적인 색을 되도록 균일하게 칠해준다.
3. 어두운 곳의 명암을 넣어준다.
4. 밝은 색연필로 빛 받는 부위를 묘사한다.
색연필로 무늬를 넣어준다

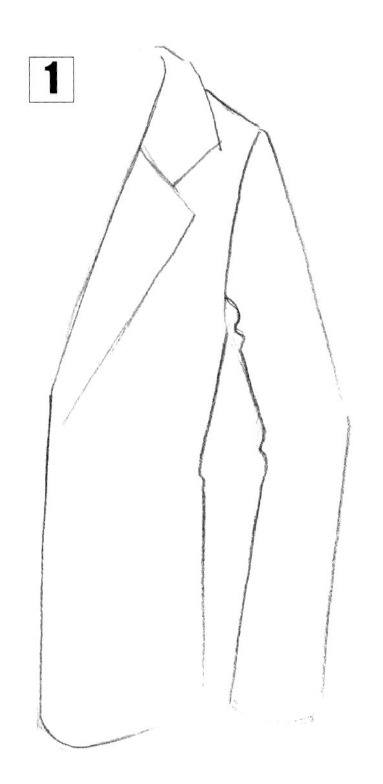

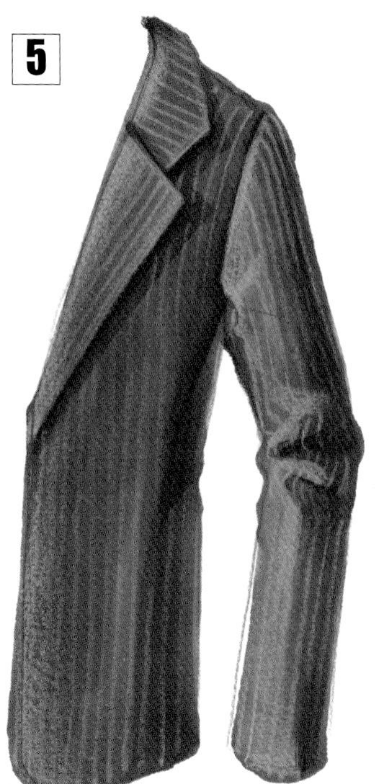

그 밖의 방법

마커의 경우 색감이나 채색되는 분위기가 지나치게 인공적이고 딱딱하다는 느낌을 받을 수 있다. 특히 마커의 색이 부족할수록 이러한 경향은 강해진다. 그러나 색연필은 마커의 부족한 명암과 색조를 한층 부드럽게 연결시켜주고 세부적인 완성도를 높이는 재료로 곧잘 사용된다.

니트와 쉬폰의 표현 (Expressions of Knit and Chiffon)

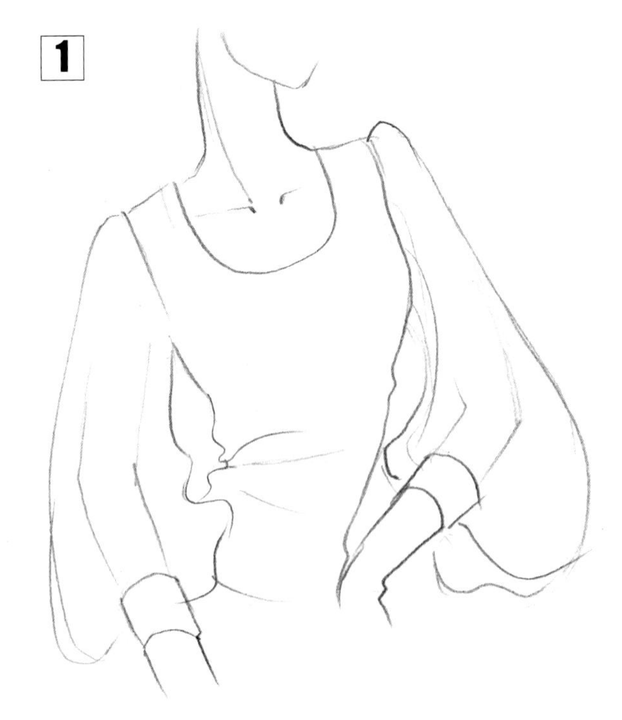

스케치를 한다.

밝은색부터 명암을 넣는다.

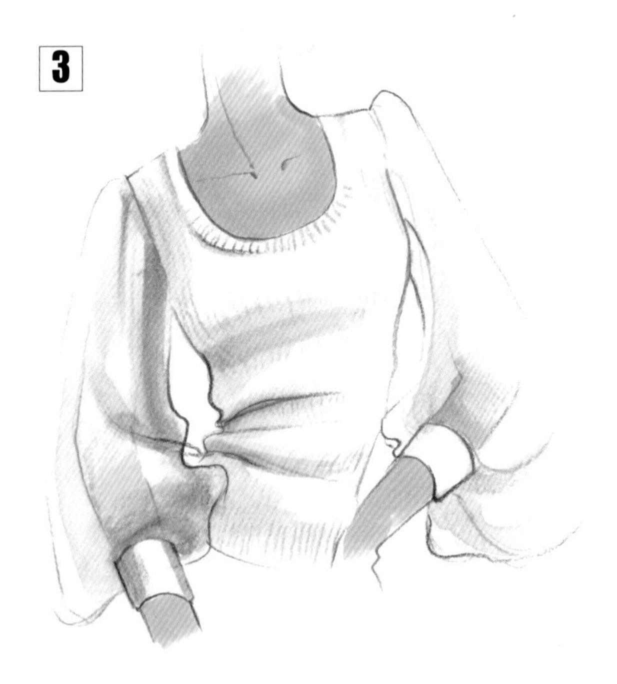

앞서 칠한 곳의 안쪽으로 점차적으로 어두운 색을 넣어준다.
색연필로 니트의 골지를 어두운 부분 위주로 표현해 주고 쉬폰 소매의 안쪽으로 피부색을 약간 넣어 반투명한 효과를 보여준다.

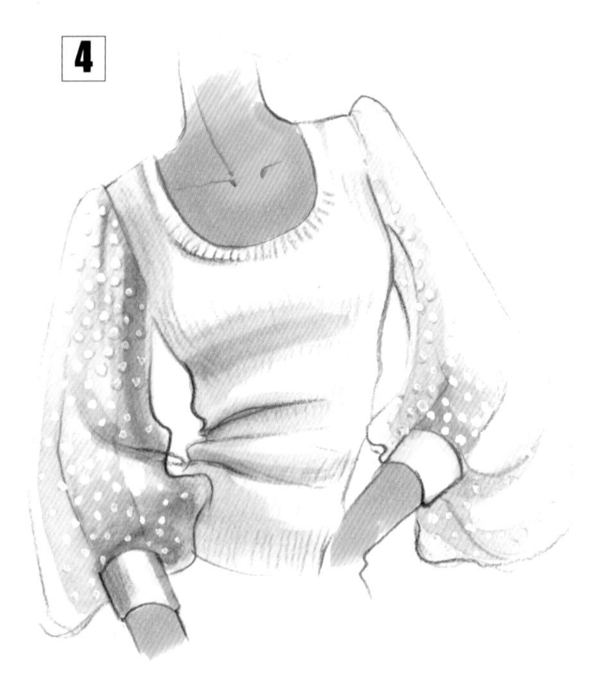

쉬폰 위에 무늬를 그려 넣는다(흰색 포스터컬러 사용). 이와 같이 무늬가 불투명하게 들어갈 경우 번아웃 등의 소재로 표현된다.

타프타의 표현 (Expression of Taffeta)

1

스케치를 한다.

2

먼저 기초색을 칠하고 어두운 색으로 명암을 넣는다. 빳빳한 소재이므로 주름을 지나치게 많거나 유연하게 표현하지 않는다.

3

색연필로 밝은 곳과 어두운 곳을 선명하게 표현해 준다.

홈스펀의 표현 (Expression of Homespun)

1

기본적인 색감을 칠해준다.

2

색연필로 명암을 부드럽게 넣어준다.

3

홈스펀에 사용된 별색을 색연필이나 크레파스로 불규칙하게 찍어준다.

인물의 표현 (Expression of Model)

스케치를 한다.

피부톤을 넣어준다. 하이라이트 부분을 남겨두고 채색하면 입체적이고 샤이닝한 질감으로 표현된다. 알코올기가 날아가기 전에 메이크업의 색감을 재빨리 터치해 준다.

3

피부의 어두운 부분을 색칠해 주고 이와 같은 방법으로 옷과 악세서리를 채색한다.

4

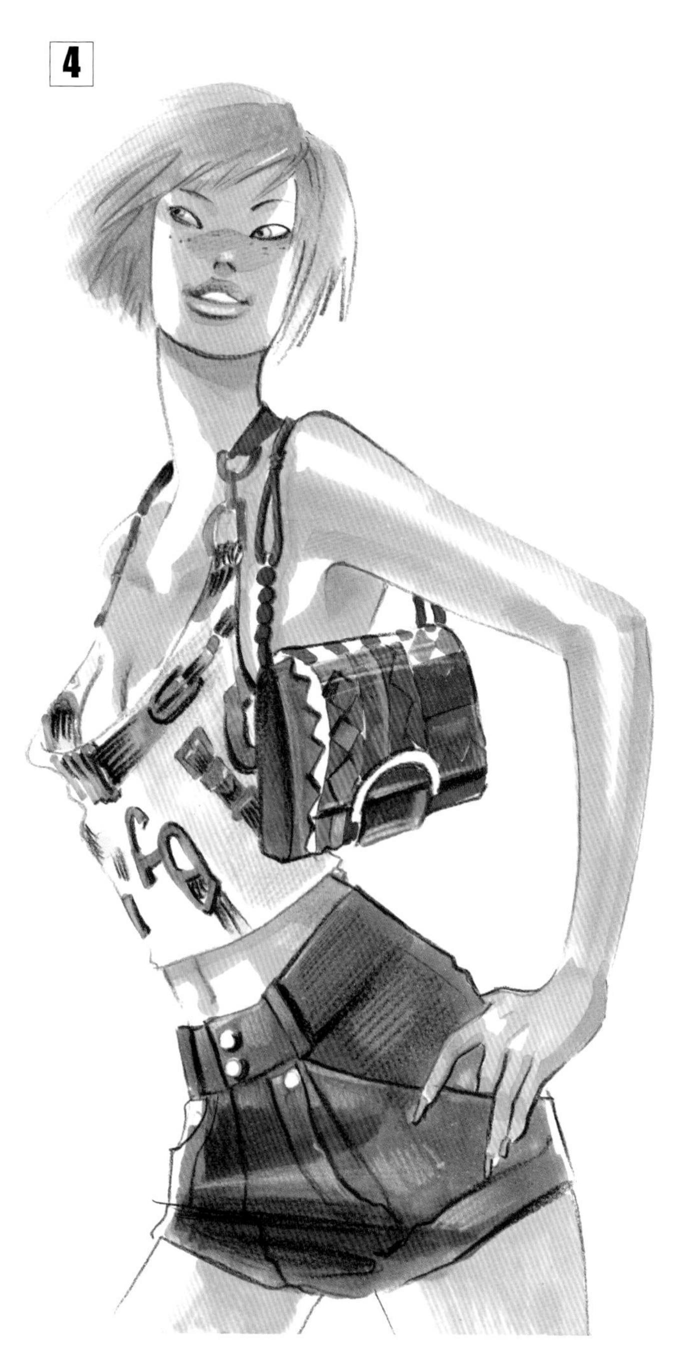

색연필로 부분묘사를 하여 완성한다.

마커를 이용한 다양한 작품 (Markers Exercises)

마커로 비늘과 털, 니트를 표현하였다. 광택성 소재는 하이라이트를 과감하게 남기면서 채색해 준다.

Kim Nahyun

마커와 색연필로 코듀로이, 털, 쉬폰, 비닐의 이미지를 표현하였다.

질감이 강한 종이에 마커와 색연필로 채색하여 회화적인 느낌을 주었다.

Kim Sera

마커와 스타일화 (Style Drawing)

스타일화는 디자이너에게 특수한 영감이 떠올랐을 때, 혹은 의상의 구성적 내용을 표현하고 전달할 때 그리는 것으로 마커는 떠오르는 아이디어를 재빨리 그려내거나 여러 장의 스타일화를 그릴 경우 기동성 있게 애용된다. 속도감 있게 자신의 아이디어를 표현하는 연습을 해보자.

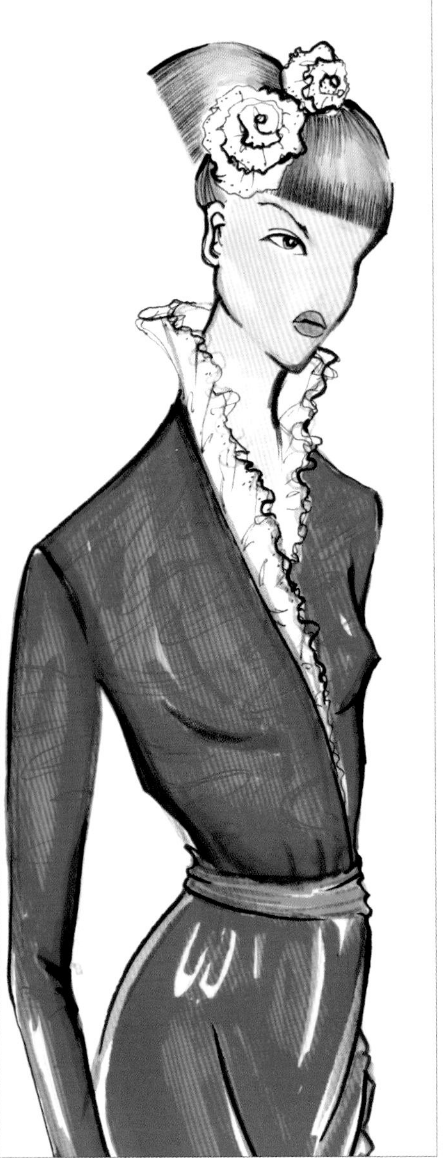

마커로 트위드와 반투명한 쉬폰을
표현하였다.

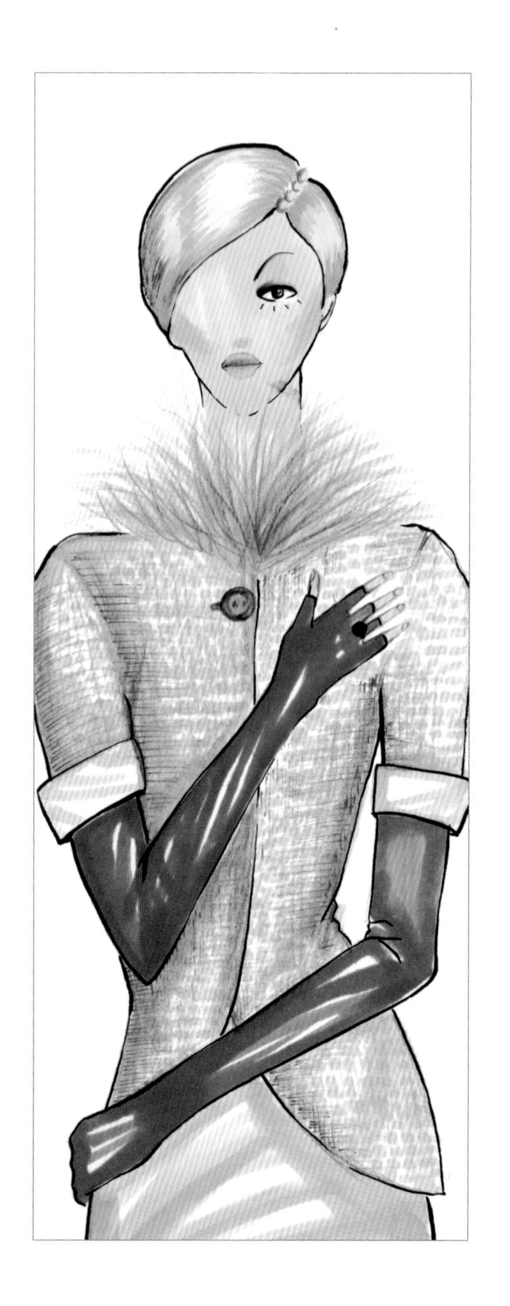

다양한 피부톤을 떠올리며 채색해보자.

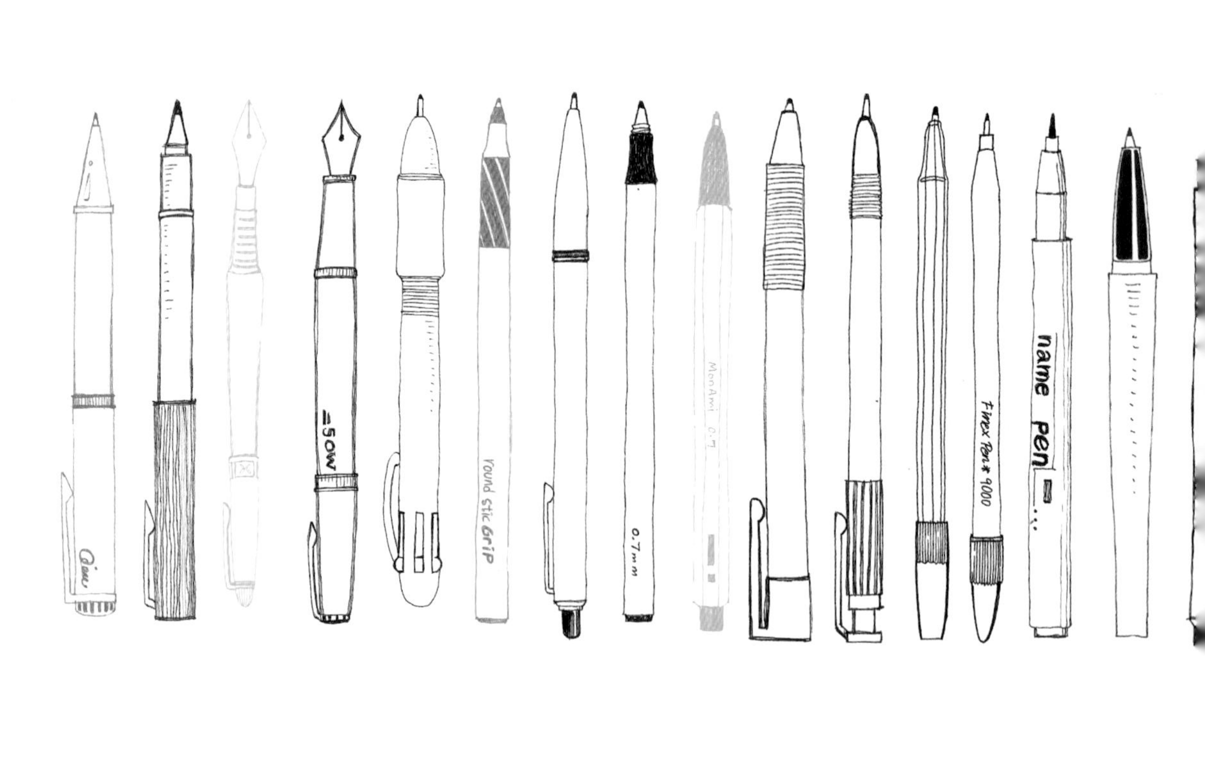
round stic GriP
0.7mm
Finex Pen* 9000
name pen

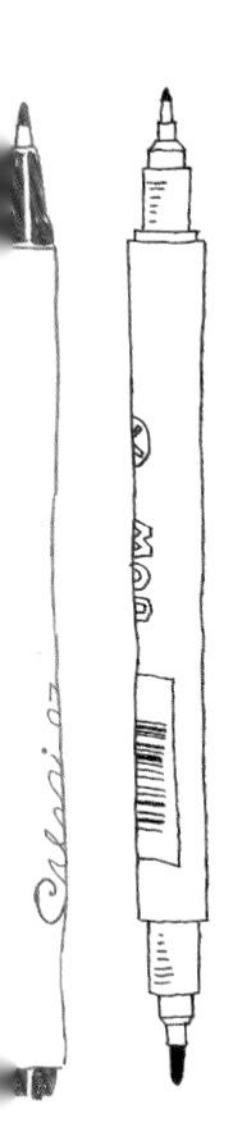

Inks

펜의 사용과 표현

20th week

사인펜과 볼펜의 사용 (Techniques of Permanent Marker & Ball Pen)

전통적인 채색 재료 이외에 일반적인 필기구 역시 훌륭한 재료가 된다. 수성과 유성, 젤러펜 등 다양한 재료들은 물에 번지거나 밑색을 투과시키지 않고 페인트처럼 도포되는 등, 여러 가지 효과를 낼 수 있다. 다른 재료에 비해 감각적인 표현을 할 수 있으므로 평소에 사용하던 필기구도 과감하게 이용해 보자.

유성볼펜

제2차 세계대전 후 미국에서 급속히 발전하여 실용화된 현대의 대표적 필기구로 펜 끝에 부착된 단단하고 작은 볼이 지면과의 마찰로 회전하는 것에 의하여 카트리지로부터 잉크를 뽑아내어 볼에 묻은 잉크가 종이에 전사(轉寫)되는 방식으로 필기된다. 약간 질이 나쁜 종이에도 쓸 수 있으나 사용감이 다소 빽빽하다. 오일 성분의 잉크로 물기에도 번지지 않는다.

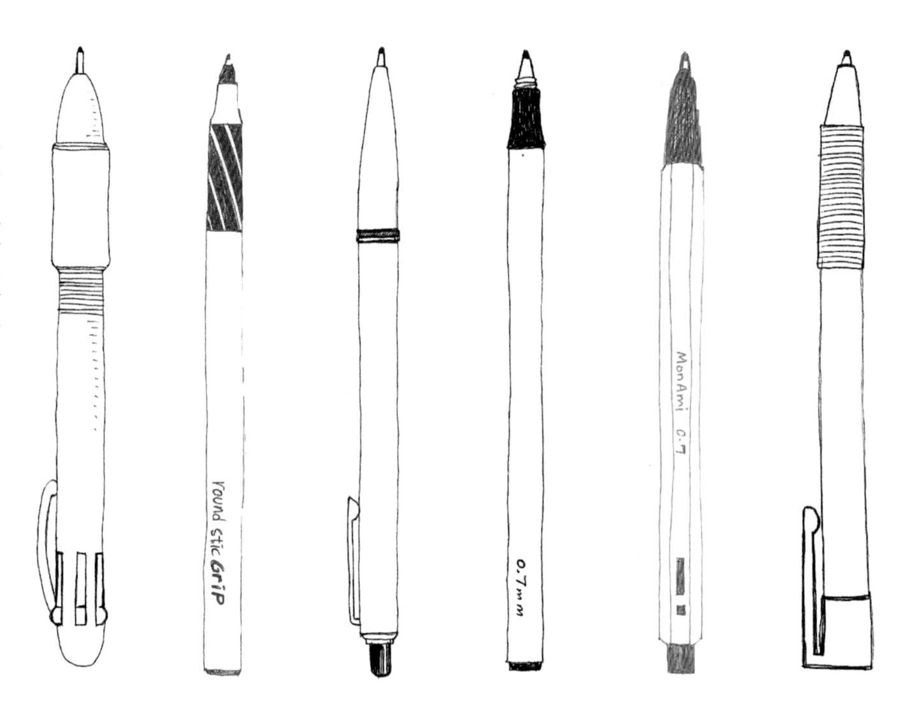

만년필

펜 속에 잉크를 저장하여 펜촉을 통해 흘러나오게 하는 필기도구로 일반 펜촉에 비해 사용이 부드러우며 잉크를 항상 찍어 사용하지 않아도 되는 편리함이 있다. 자연스러운 손맛이 느껴지나 물에 번지는 수용성이므로 특성을 잘 파악하여야한다. 최근에는 잉크가 처음부터 다량 충전되어 나오는 일회용 제품도 시판되고 있다.

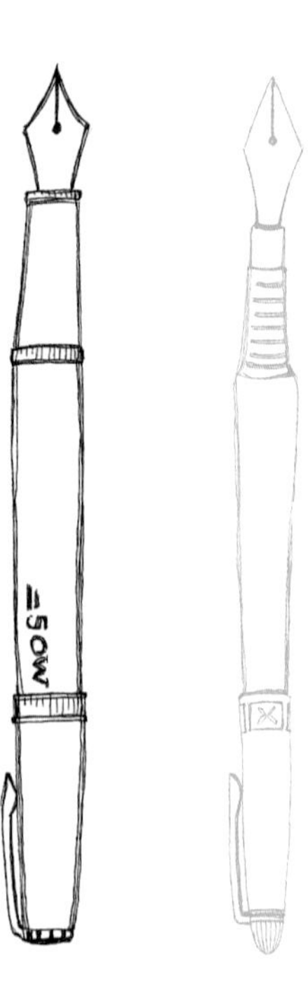

사인펜
저장된 잉크를 나일론이나 폴리에스테르를 뭉쳐 나온 심을 통해 흘려보내는 것으로 수성잉크를 사용한다.

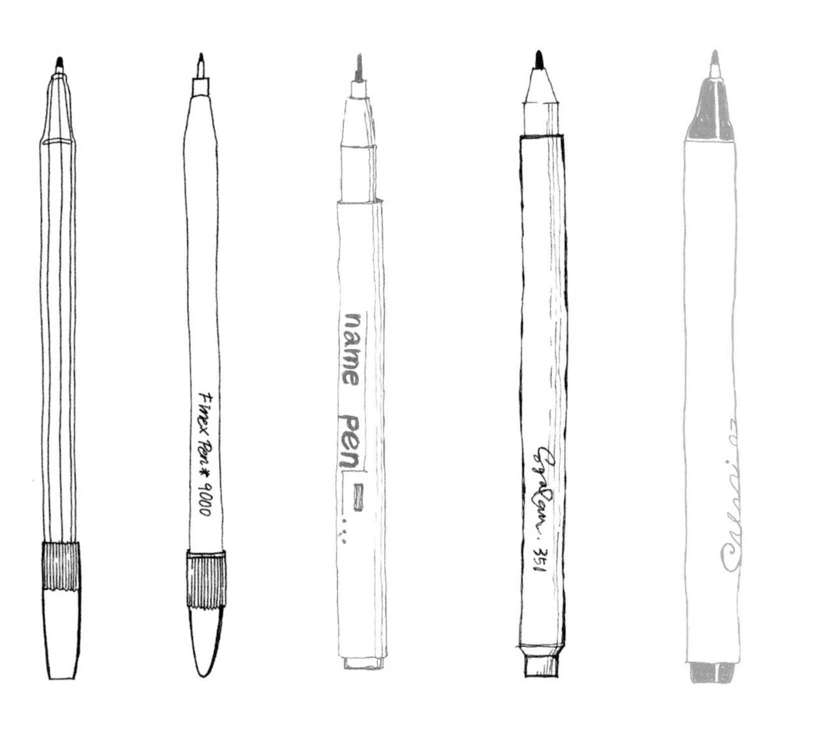

중성펜
과거에 개발되었던 유성볼펜과 수성펜의 단점을 보완하고자 최근 발명된 필기구로 볼펜보다 사용감이 부드럽고 수성펜처럼 번지지 않는 특성을 지니고 있다. 유성펜과 수성펜의 중간성질을 가지므로 중성펜이라고 불리며 젤러펜으로 표기되기도 한다. 또한 광택성 질감의 잉크펜도 있어 일러스트레이션의 포인트 디테일을 효과적으로 보여줄 수 있다.

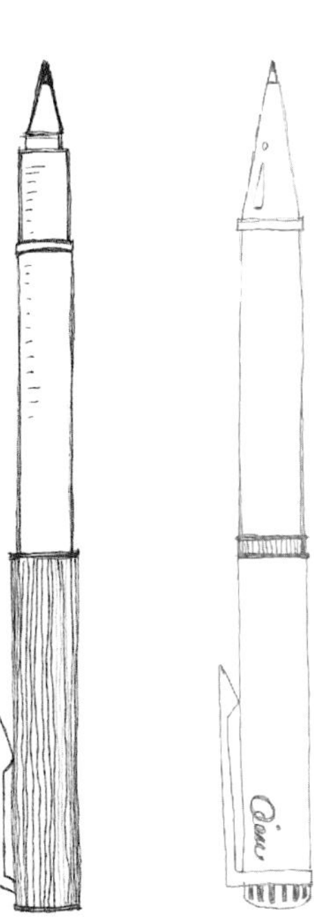

여러재료를 실험한 후 자신에게 맞는 재료를 구입해 보자.
자신의 손에 맞는 표현재료는 좀더 나은 작품을 만들수 있다.

펜의 표현 (Basics of Pen Techniques)

다음은 물에 번지는 재료와 번지지 않는 펜을 함께 사용하여 소재의 밝고 부드러운 문양을 표현한 것이다.

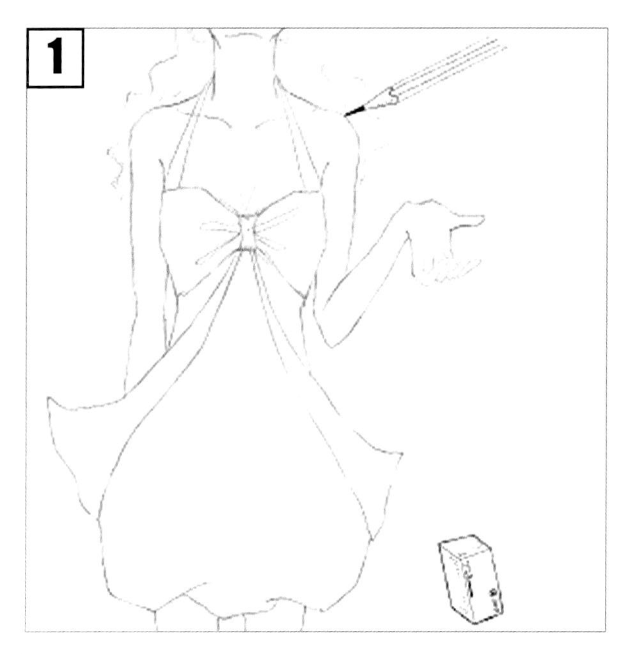

스케치를 한다.

외곽선은 유성이나 중성펜으로, 옷의 프린트는 수성펜으로 칠해준다.

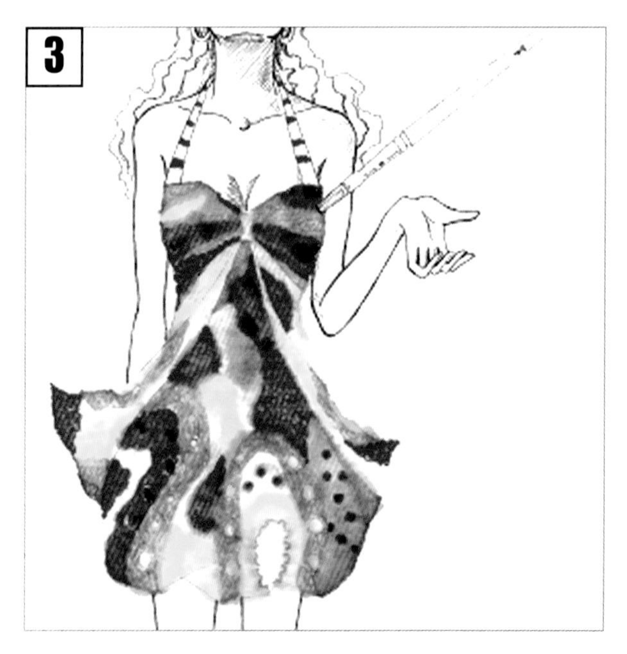

수성펜으로 채색된 부분을 맑은 물로 번지기를 해 준다.

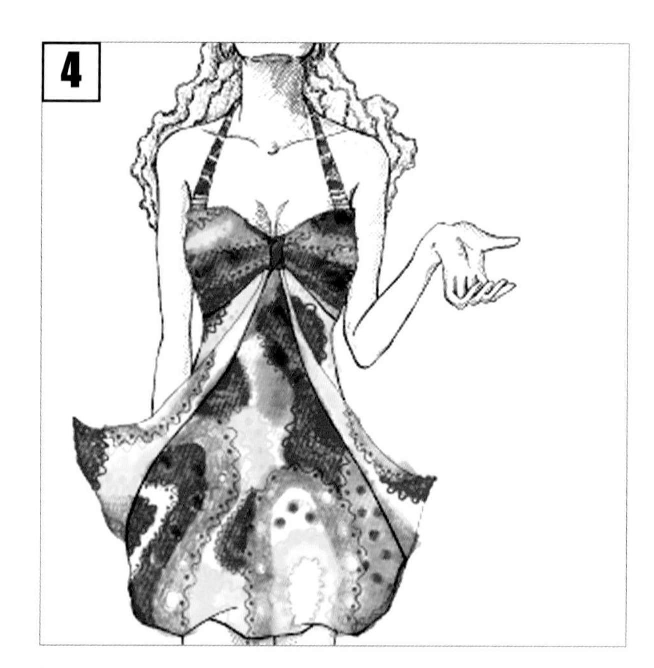

물기가 마른 후 펜으로 문양을 정리하여 완성한다.

펜을 이용한 다양한 작품

볼펜으로 아웃라인 작업을 한 후, 형광펜과 사인펜으로 채색하였다. 색연필로 명암을 표현하고 페인트펜으로 불투명하게 무늬를 넣어준다.

트레이싱지는 다른 종이에 비해 매끌한 재질감을 가지므로 펜의 선택에 주의한다.
피부의 명암은 색연필로, 불투명한 패턴은 페인트펜으로 채색하였다.

색지에 형광펜, 볼펜, 사인펜으로 채색하였다.

Lee Yunjung

색지에 형광펜, 볼펜, 사인펜으로 채색하였다.

펜의 인공적인 색감을 충분히 활용하자. 거칠거나 자유로운 펜놀림은 그림을 더욱 자유로워 보이도록 해 줄 수 있다.

색지에 사인펜, 색연필, 포스터 컬러로 채색하였다.

Kim Nahyun

소포용지에 페인트펜과 동양화 물감으로 채색하였다.

Song Areum

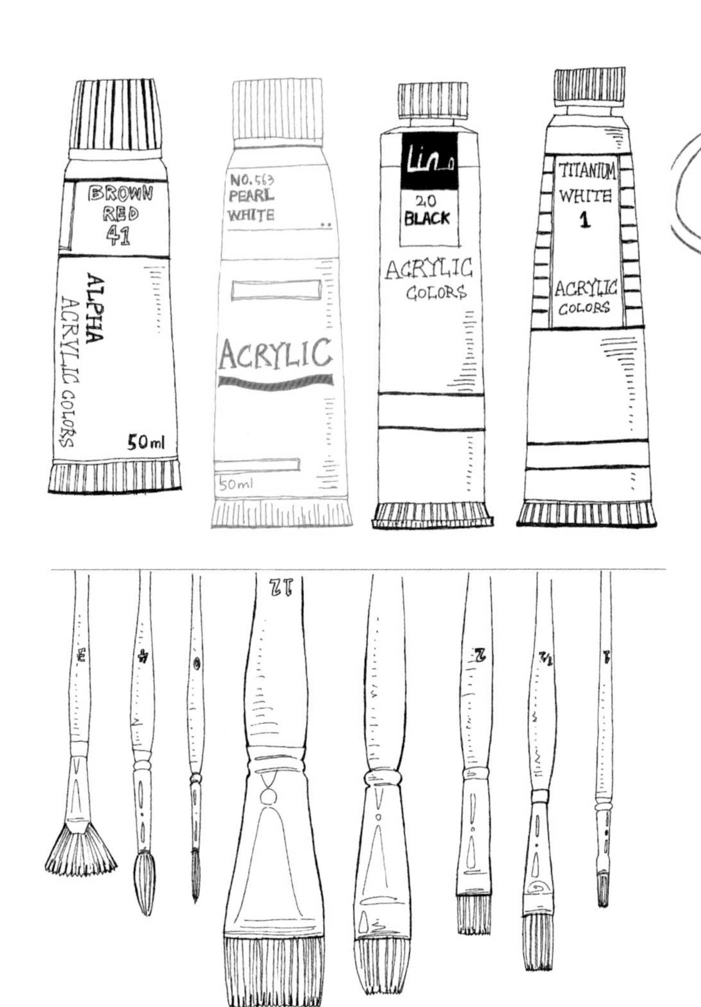

BROWN RED 41
ALPHA
ACRYLIC COLORS
50ml
NO.563 PEARL WHITE
ACRYLIC
50ml
Lin
20 BLACK
ACRYLIC COLORS
TITANIUM WHITE 1
ACRYLIC COLORS
12

ACRYLIC COLORS
rowney
Cryla
water tension breaker

MATTE MED

Acrylic

아크릴 물감의 사용과 표현

21th week

22nd week

아크릴 물감의 사용 (Acrylic Materials)

아크릴 물감은 안료에 수성 투명 합성수지를 넣어 고착하여 만들어 낸 것으로 그 특성상, 일단 건조하면 쉽게 변질되지 않는 형태 안정성이 뛰어난 재료이다. 오일을 사용하는 유화와 달리 수채물감처럼 물에 희석하여 사용하므로 편리하게 사용되고 있다. 아크릴물감은 건조속도가 매우 빠른 특성을 가지고 있어 기동성이 있다는 장점이 있으나 상대적으로 속도감 있게 진행해야 한다는 부담도 있다. 또한 혼합재료가 다양하게 시판되고 있고 고착성이 좋아 투명화, 불투명화, 콜라주에 이르기까지 그 활용 범위가 매우 넓다.

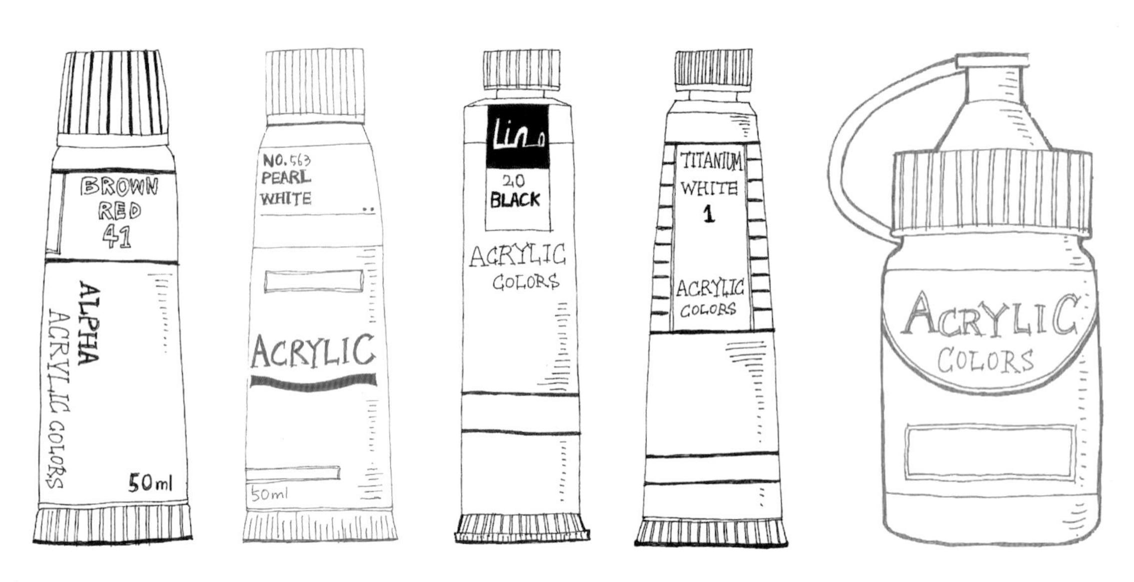

아크릴 물감

브랜드와 색에 따라 투명도를 많이 띠는 경우, 형광성, 펄 색감을 띠는 등 종류가 다채로운데, 하얀색은 불투명화의 명도조절을 하는 주된 역할을 하므로 대용량을 구비해두면 편리하다.

아크릴 붓

자연모와 합성모가 있는데 합성모는 자연모에 비해 매끄러운 마무리감을 보여주며, 자연모는 부드러운 텍스처를 표현할 수 있다.

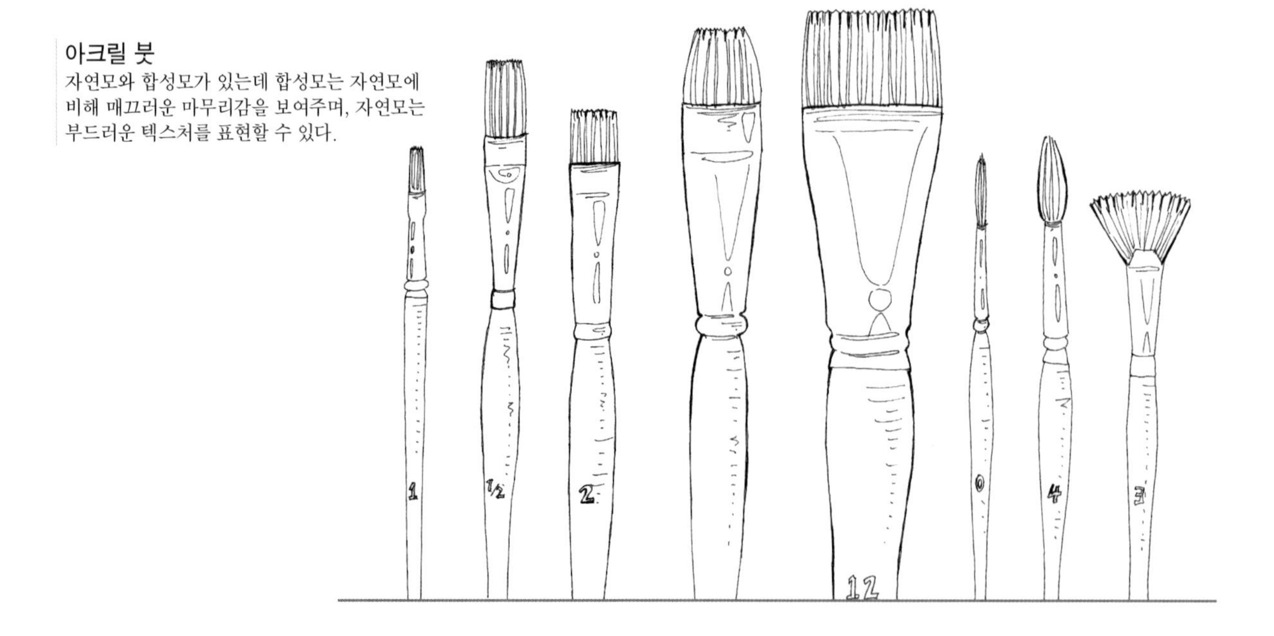

미디움(Medium)
아크릴의 텍스처를 다양하게 바꿀 수 있다.

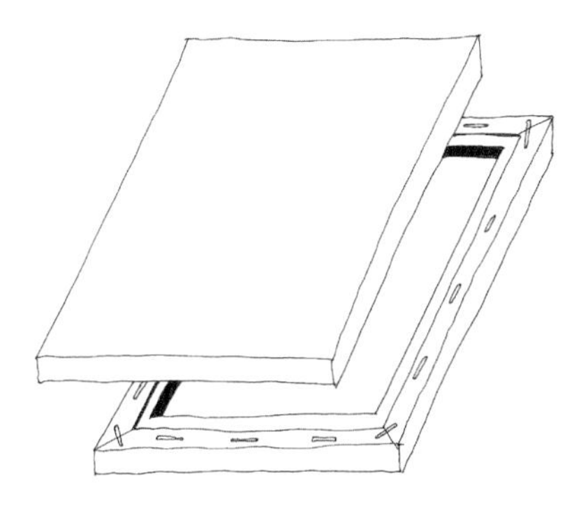

종이와 캔버스
아크릴 물감은 다른 재료에 비해 점성이 강하므로 가벼운 종이보다는 형태 안정성이 좋은 것을 선택하는 것이 좋다. 캔버스나 하드보드류, 전용지 등이 적당하다.

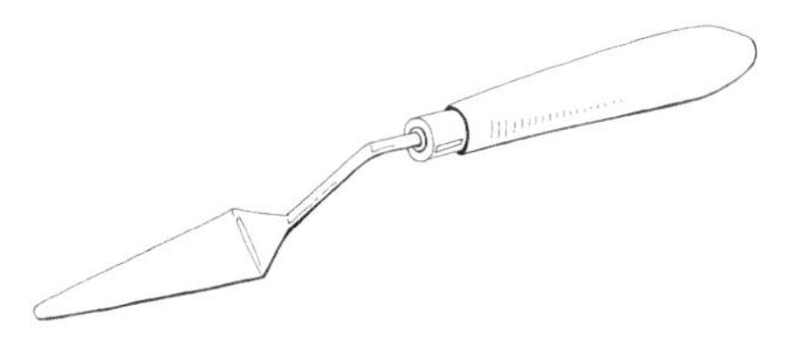

나이프
대량의 물감을 섞을 때, 혹은 화면에 직접 물감을 바를 때 사용한다. 많은 양의 물감을 자주 붓으로 섞으면 모질이 쉽게 상한다.

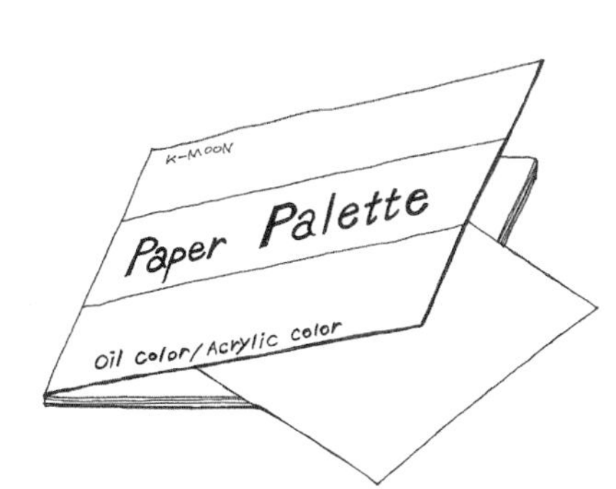

팔레트
수채화나 과슈와는 달리 세척이 쉽지 않으므로 일회용 종이 팔레트나 아크릴 판에 비닐을 씌운 팔레트를 사용한다.

아크릴 물감의 표현 (Acrylic Techniques)

그라데이션 (Gradation)
색이 부드럽게 변화되도록, 물감이 마르기 전에 재빠르게 섞어간다.

즈그라피토 (Sgraffito)
물감의 양을 두텁게 하여 붓이나 나이프의 흔적을 남겨 텍스처를 만들어 낸다. 물감의 입체감만으로도 강인한 느낌을 낼 수 있다. 미디엄을 섞어 아크릴의 부피감을 증가시키기도 한다.

덧칠하기 (Building up)
물감을 화면상에서 섞지 않고 계속 중첩시켜 명암이나 색의 변화를 표현한다.

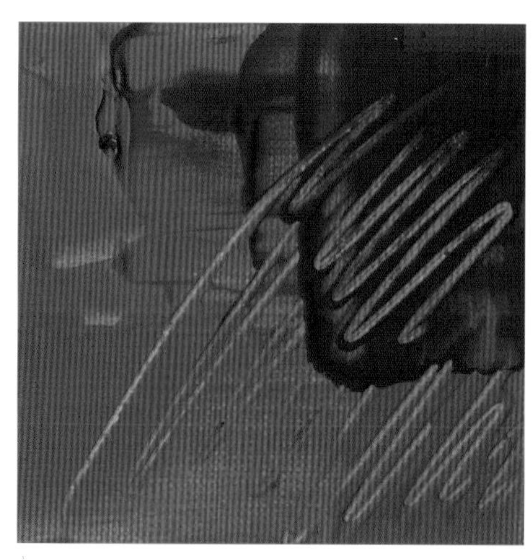

임파스토 (Impasto)
물감이 마르기 전에 긁어내어 밑 종이나 밑색이 나타나게 하는 기법이다. 작은 부분의 문양이나 요철 느낌을 낼 때 효과적이다.

투명기법 (Transparent)

물을 많이 섞어서 엷은 담채의 느낌을 내는 것으로 전통 수채화의 웨트 인 웨트(Wet in Wet – 물이 마르기 전에 다른 색을 섞어 번지게 하는 것), 덧칠하기, 뿌리기 등이 가능하다.

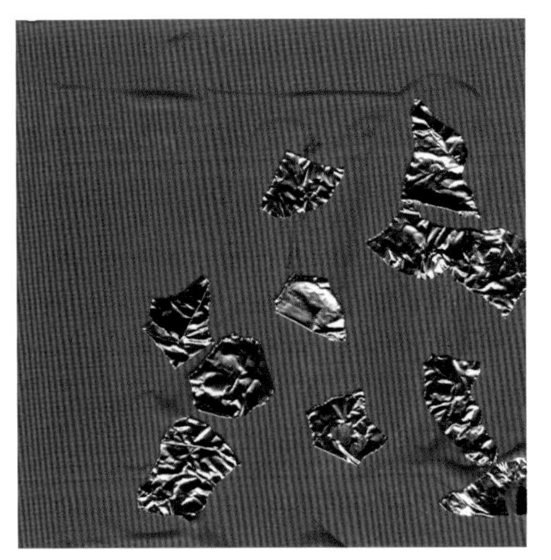

다른 재료 붙이기 (Collage)

아크릴 물감은 고착성이 좋다. 물감이 마르기 전에 다양한 재료를 올려 재미있는 효과를 낼 수 있다.

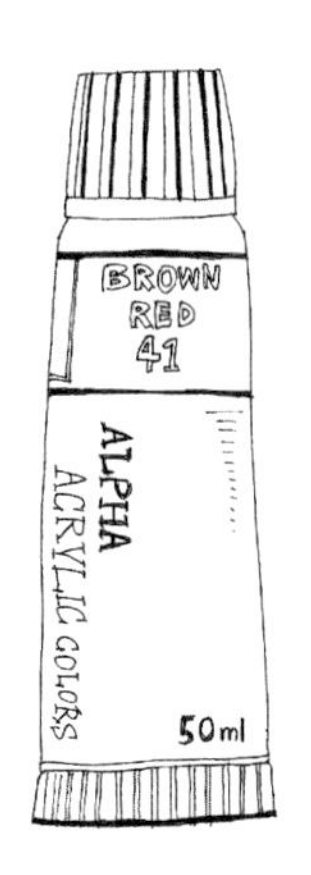

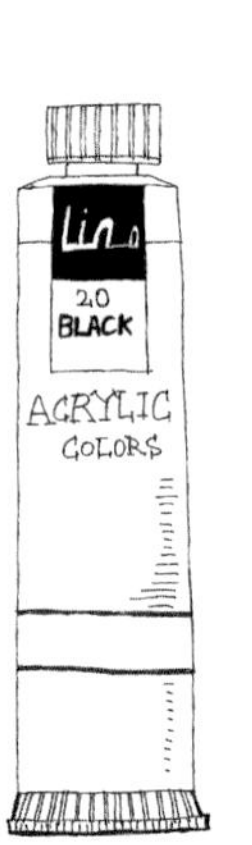

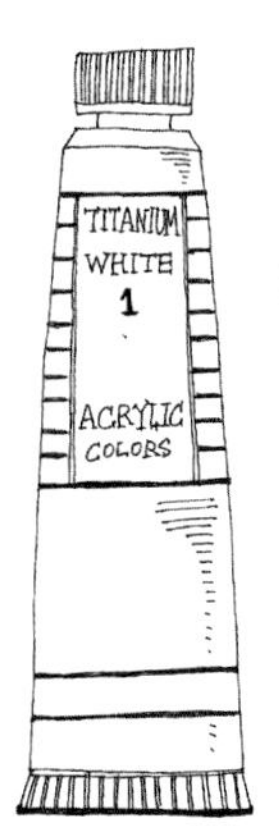

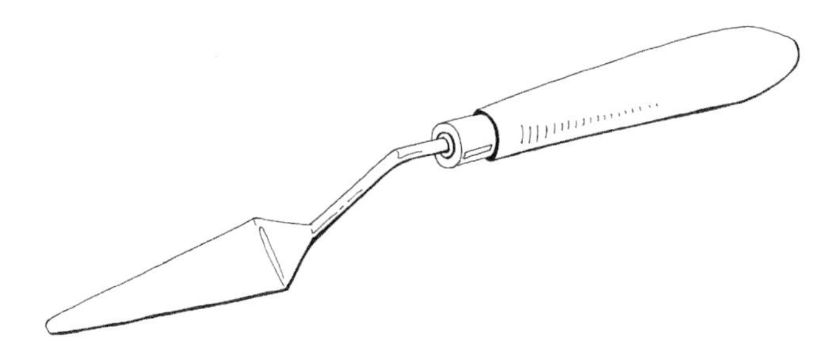

아크릴 물감을 이용한 작품

투명기법(Transparent)
수채화처럼 물을 많이 섞어 채색하였다.
아크릴 물감의 투명기법은 수채화보다 농도 조절에 있어서 응용및 효과가 광범위하다.

임파스토(Impasto)
프린트에 독특한 효과를 주기 위해 나이프로 물감을 덧칠하였다. 물감이 마르기 전에 긁어내어 밑색이 보이도록 하였다.

덧칠하기(Building up)
밑색이 완전히 마르고 나면 다음색을 올려 명암변화를 주었다.

Song Myungsin

불투명기법

아크릴 물감의 불투명기법은 물감 자체의 색을 강하게 반영하면서도 입체감을 사실적으로 묘사할 수 있다.

Lee Sungmi

Oh Hyerim

불투명기법은 양감의 표현뿐 아니라
포스터컬러와도 같이 색감 자체의
명료함을 효과적으로 표현해 줄 수 있다.

An Eunjin

Watercolor

수채화 물감의 사용과 표현

23rd week

24th week

수채화 물감의 사용 (Watercolor Materials)

수채화는 과거에 유화작품을 위한 밑그림, 또는 수업과정의 학생들이나 쉽게 사용하는 2류의 회화양식인 것처럼 생각되어 왔다. 그러나 오늘날에는 세계 미술에서 독자적이고 중요한 자리를 차지하게 되었다.
수채화의 재료 자체는 우리에게 매우 친숙하고 많이 사용되어 왔으나, 기법이 매우 한정되어 있어 감각적인 작품을 완성하는데 어려움을 겪기도 한다. 다양한 기법을 익혀보고 패션 이미지나 자신의 취향에 맞는 작품을 완성해보자.

수채화 물감

안료를 여러 가지 수용성 접착제와 섞어서 만든 것으로 유화와 달리 물에 풀어지며 아크릴에 비해서도 투명도가 높다. 수채화는 브랜드에 따라서도 가격이 매우 달라지나, 아동용 수채화 물감만 아니라면 모두 무난하게 사용할 수 있다. 특히 좋아하는 색은 브랜드에 구애받지 않고 낱개로 구매할 수 있으므로 선택의 폭이 넓다. 수채화를 사용할 때는 튜브 자체에서 직접 물감을 짜서 쓰거나 팔레트에 굳혀놓고 사용할 수도 있다. 전자는 선명한 발색이, 후자는 조색이 용이하다는 장점이 있다.

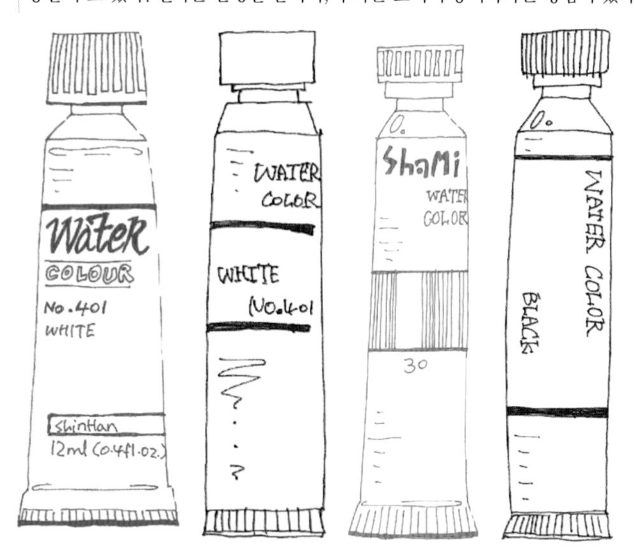

팔레트

대개 목재 · 금속 · 도기(陶器) 등으로 만드는데 금속과 도기가 수채화용 팔레트로 적합하다. 형태는 각진 것과 둥근 것이 많고 반으로 접는 휴대용 등이 있다. 수채화 물감이 팔레트에 이미 굳혀져서 시판되고 있는 것도 있으니 취향에 맞도록 선택한다.

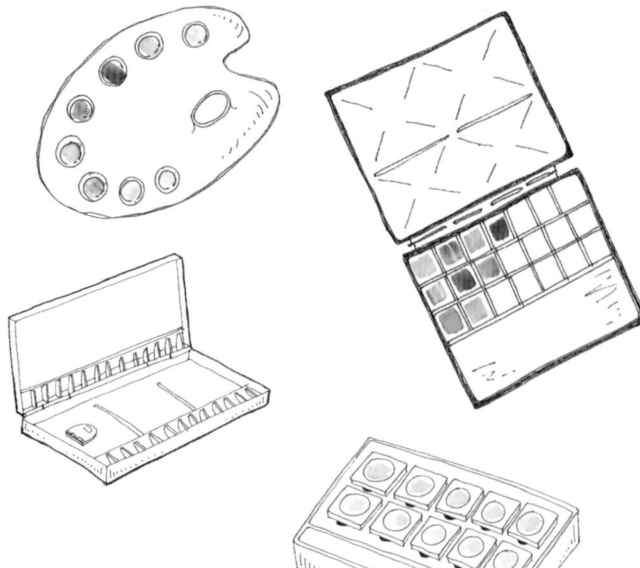

수채화 붓

물감의 흡수력과 흡습성이 뛰어난 천연모로 이루어진 경우가 많으며 근래에는 천연모에 가까우면서도 탄력성이 증가된 합성모도 시판되고있다. 아크릴이나 포스터와는 달리 털이 둥글게 모아진 둥근 붓을 많이 사용한다. 작업을 할 때는 큰붓, 중간붓, 세필 등을 기본적으로 구비하는 것이 좋으며 물에 오랫동안 담가놓는 것은 모질을 상하게 하므로 주의한다.

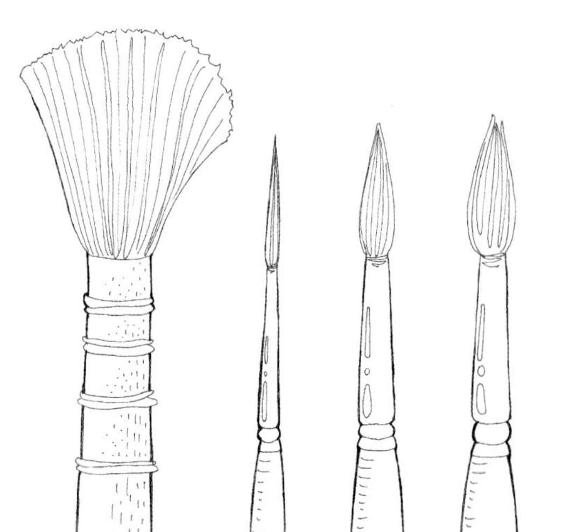

수채화의 기법 (Watercolor Techniques)

번지기(Wet in wet)

종이에 물을 바른 후 마르기 전에 물감을 칠해 번지기 하는 기법으로 자연스러운 색감변화나 명암변화를 표현하기에 좋다.

뿌리기(Sprinkle)
물감을 뿌려 옷의 주된 색감과 형태를 동시에 표현하였다.
일반적인 채색에 비해 강렬하고 예술적인 느낌을 준다.

드라이 브러시(Dry Brush)
물기가 거의 없는 붓에 물감을 묻혀 채색한다. 거친 붓질의 느낌 자체가 장식으로 작용된다.

같은 드라이 브러시 기법이라도 물감의 양과 필력의 정도에 따라 밝기나 소재느낌이 달라진다.

덧칠하기(Wet in dry)
수채화는 셀로판지와 같은 투명한 효과를 가진다. 밑색을 칠하고 말린 후 점점 어두운 색을 올리면 은근한 명암변화 효과를 낼 수 있다. 덧칠을 너무 여러 번 하면 그림이 탁해질 수 있으므로 주의하자.

여러 기법의 혼합

덧칠과 번지기 기법을 병행하였다. 유성재료인 크레파스를 함께 사용하면 발수성에 의해 선명한 배색효과를 표현할 수 있다.

수채화 물감을 이용한 다양한 작품 (Watercolor Exercises)

번지기 기법으로 퍼(Fur)의 양감과 부드러움을 표현하였다.

절제된 색감을 사용하고 밝은 면의 여백을
많이 남겨 동양화 같은 느낌을 주었다.

Um Jongchul

Sin Nari

기본 색조가 마르기 전에 보색계열을 발라 미묘한 색의 변화를 번지기로 표현하였다.

번지기 기법을 마치 한 번의 붓터치로 완성된 듯이 표현하였다.

An Seoyoung

진한 농도의 물감을 그대로 사용하여 마치 포스터컬러로 채색한 듯이 완성하였다.

SU:M 느리게 걷기

창의적 패션 일러스트레이션 연습

현대 회화에서 이용되는 회화기법

이번 주는 시각적인 표현의 확장을 위한 연습으로 현대 회화에서 주로 이용되는 회화기법에 대하여 살펴보고자 한다. 대표적인 예로 드립페인팅, 콜라주, 프로타주, 스크래치, 뜯어내기, 갈아내기, 엠보싱, 박판하기, 크랙, 빙점 기법 등이 있다. 이 중 관심이 생기는 기법을 찾아 실험해 보자.

드립페인팅 (Drip Painting)

작품을 제작함에 있어서 '그리는' 것이 아니라 안료를 직접 뿌리거나 붓는 것과 같은 방법을 취하는 회화기법을 말한다.

20세기 초에 M. 에른스트와 같은 화가가 때때로 이런 기법을 사용하였으나, 주목을 끌기 시작한 것은 액션페인팅 화가들, 특히 J. 플록이 이 방법으로 새로운 작품세계를 발표하던 1940년대부터이다. 이 기법은 플록이 강조하는 바와 같이 행위 자체가 작품의 핵심요소라는 것을 표현하기에 가장 기초적이고 적합한 방법이다. 앵포르멜 역시 액션 페인팅과 거의 같은 시기에 나타난 예술운동이었기에 드립 페인팅을 이용한 작품들을 많이 찾아볼 수 있다. 미셸 타피에, 장 포트리에, 장 뒤비페 등의 작품에서 알 수 있듯 이 시대의 작품은 액션페인팅보다 더욱 발전된 두께감과 질감을 표현하고 있는데, 한편 앵포르멜과 액션페인팅의 작업상의 차이점은 앵포르멜은 어느 정도 오토메티즘적 성격을 띠고 있다는 것이다. 미에 대한 가치전도 혹은 예술작품의 익명성과 원형추구 등이 이러한 현상으로 이어진 것이다.

콜라주 (Collage)

제1차 세계대전(1914~1918) 말엽부터 유럽과 미국을 중심으로 일어난 예술운동으로 '풀로 붙인다' 는 의미를 갖고 있다. 이는 1912~1913년경 브라크와 피카소 등의 입체파 화가들이 유화의 한 부분에 신문지나 벽지 · 악보 등의 인쇄물을 풀로 붙이는 시도를 하였는데 처음에는 '파피에 콜레' 라 불리던 것이 점점 그 오브제가 확산되면서 그 명칭 또한 콜라주로 발전하게 된 것이다. 이 기법은 화면의 구도와 채색효과 등의 구체감을 강조하기 위한 수단이었으나 제1차 세계대전 후의 다다이즘 시대에는 캔버스와는 전혀 이질적인 재료를 사용하거나 잡지의 삽화 · 기사 등을 오려붙임으로써 보는 사람에게 이미지의 연쇄반응을 일으키게 하는 등 부조리와 냉소적인 충동을 겨냥하여 사용되기도 하였다.

모노크롬 사조의 F. 스텔라는 작품 자체로서 저부조의 형태감을 나타내고 있는데 이 과정에서 콜라주를 기본적인 표현기법으로 사용하였다. 반면 다다이즘은 이와는 반대로 그 완성물이 2차원의 회화라기보다 3차원의 조형물이라고 평가할 수 있다. 그러나 다다이즘은 격정적이고 주관적인 호소력을 갖는 성격을 띠고 있어 앵포르멜을 탄생시키는 데 큰 영향을 미친다는 점에서 관련성이 있다.

콜라주의 사회적 풍자는 곧 포토몽타주로 이어지게 되는데 사진을 '붙인다' 는 의미에서 이 역시 콜라주의 한 범주에 속한다고 할 수 있다.

콤바인 페인팅(Combine Painting) 역시 콜라주의 확대된 개념으로서 이차원 혹은 삼차원적 물질을 회화에 도입하려는 시도의 미술운동이다. 미국 미술에 있어서 콤바인이라는 말은 로버트 라우센버그에 의해 정의되었는데 그는 대담한 회화 스타일에다 현대 미국 소비 문명의 폐기물들-만화, 콜라병, 종이, 나무, 고무, 금속, 천은 물론 박제된 동물이나 작동하는 라디오, 선풍기, 전구 등을 화면에 붙인 후 그 위에 붓을 이용하여 거칠게 색채를 입혔다. 그리고 그 결과는 추상표현주의의 시적 표현과 현실의 익숙한 물적 소재에로 접근하려는 다다적인 노력의 융합으로 나타난다. 라우센버그의 '콤바인' 은 1953년부터 1960년대 초까지 계속되었다.

프로타주 (Frottage)

마찰이라는 뜻의 프랑스어 frotter에서 나온 말로, 프로테르는 본래 엷게 칠한다는 뜻이 있다. 회화에서는 그림물감을 화면에 비벼 문지르는 채색법을 말하는데, 유화의 경우 그림물감에 기름을 섞은 oil layer 상태로 하는 것이 아니고 튜브에서 짜낸 끈적끈적한 것을 비벼 문질러서 엷은 채색층을 만든다는 의미로 쓰인다. 이렇게 하면 하층 색층을 투과해서 복합적인 색채효과를 얻을 수 있는데 이 효과는 혼색에 의한 것과는 다르다.

또한 그림물감의 채도가 저하되지 않으면서 조형감을 형성할 수 있는 특색이 있다. 그러나 이때의 하층 색상은 반드시 건조되어 있어야 하며 붓은 발이 짧고 빳빳한 것이 사용된다. 이러한 과정에서 작품은 겹겹이 쌓인 듯한 특유의 마티에르를 형성하게 되는데 같은 안료의 배합이라 하더라도 드립 페인팅의 경우와는 상당히 다른 시각적 효과를 전달한다.

이 기법은 독일 태생의 쉬르리얼리스트인 막스 에른스트가 발견한 것으로, 동양의 탁본기법처럼 표면에 종이를 대고 먹으로 문질러서 그 모습을 옮기는 방법으로 그림을 베끼고 이것을 계획적으로 화면에 맞추어서 효과를 얻을 수 있다. 이러한 효과는 오늘날의 판화와는 취향이 다르다고 할 수 있다.

스크래치 (Scratch)

물감을 칠한 후 물감이 채 마르기 전에 나이프나 대나무, 자, 빗과 같은 긁기 도구로 긁어냄으로써 재질감의 효과와 더불어 엠보싱 효과를 획득하는 기법이다.

바탕면 위에 바탕면에 칠한 물감의 고착제(미디엄)를 한번 칠한 후 물감을 칠하고 긁어내면 선명하고 깨끗한 마무리를 할 수 있다. 초등학생들이 많이 이용하는 스크래치 기법도 밝은 크레파스 위에 왁스를 칠하고 그 위에 어두운 크레파스 칠을 한 후 긁어냄으로써 그 효과를 극대화할 수 있다. 모노크롬 작품에는 사진이 많이 활용되기도 하였지만 안료를 이용해서 작품을 제작하는 경우에는 보다 다양한 마티에르를 구축하기 위해 이와 같은 다양한 기법이 이용되었다.

뜯어내기 (Decollage)

라텍스나 실리콘과 같은 유동성 있는 끈적한 액상으로 선을 긋거나 그림을 그린 다음 물감을 덧칠하고 그 물감이 마른 후에 실리콘이나 굳은 라텍스를 떼어내는 것을 말한다. 이러한 기법은 긁기 기법보다 더욱 정교하고 선명한 효과를 나타낼 수 있다.

갈아내기

화면의 요철이 심한 경우일수록 제대로 된 효과를 볼 수 있다. 주로 그라인더나 사포, 헝겊 등의 도구를 이용하는데 화면이 건조되었거나 견고한 경우일수록 그라인더나 기계 사포를 쓰는 것이 효과적이고, 화면이 그것보다 부드러울 때는 사포를, 칠한 물감이 채 마르기 전과 같은 경우에는 수건이나 헝겊을 사용하는 것이 좋다.

엠보싱 (Embossing)

수지를 이용한 엠보싱 기법
스티로폼을 이용하는 기법은 수지 자체가 휘발유와 같은 용제에 녹는 방법을 이용한 것이다. 먼저 아크릴 폴리머 에멀션 수지로 압축 스티로폼을 화면에 잘 접착시켜 굳힌다. 수지가 잘 붙어있는지를 확인한 후 그 위에 물방울을 올린다. 이는 물이 있으면 휘발성 용제가 수지에 닿지 않는다는 성질을 이용하여 이러한 부분을 남겨놓기 위한 것이다. 휘발성 용제에 유화 물감을 조금 섞은 후 붓에 묻혀 튀기듯이 미세하게 뿌리면 물이 묻지 않은 부분이 녹아들게 된다. 이때 휘발성 용제의 양을 적절하세 뿌리면 서로 다른 요철을 낼 수 있다.

펄프를 이용한 엠보싱 기법
두꺼운 종이에 압력을 가해 특수한 문양을 찍어내는 방법이다. 합성수지를 이용한 방법보다 더욱 보편화된 방법이며 양각과 음각의 표현이 모두 가능해 저부조 작품과 같은 시각적 효과를 나타낼 수 있다.

박판하기

박판은 두겹 혹은 여러 겹의 젖은 펄프 사이에 실이나 그물같이 긴 섬유를 넣고 이를 눌러주는 과정을 말한다. 종이를 만드는 이와 같은 방법은 매우 전형적인 모양을 만드는 실험을 거쳐야 한다. 종이펄프의 두 층 사이에 실을 끼워넣거나 종이펄프의 부서진 부분을 불규칙적인 모양으로 눌러서 메워주는 구조이다.

크랙 (Crack)

1985년도부터 생성표현적 기법이란 주제를 내걸고 다양한 방법을 모색한 결과 탄생한 것으로 물을 흡수하는 카세인의 성질을 이용한 기법이다.

자연현상 속에는 물기가 마를 때면 수축되거나 갈라지고 균열이 생기기도 하고 거대한 바위덩어리의 틈 사이로 물이 스며들었을 때 영하의 온도에서 깨어지는 것이 반복됨으로써 결국 모래처럼 작아졌다가 그것들이 다시 땅 속의 압력으로 차츰 바위덩어리가 되는 윤회적 현상이 있다. 크랙 기법은 이러한 현상에 주목하여 유사한 원리로 부서지고 깨어지는 효과를 나타내는 것이다. 카세인 재료는 물을 흡수하는 성질이 매우 강하므로 카세인 위의 수용성 채색 층은 건조되는 과정에서 카세인에 물기를 빼앗김으로써 덧칠한 채색 물감들에 균열이 생기게 된다.

최근 동양화에서도 이러한 크랙 기법을 이용한 작품을 선보이고 있는데, 화선지와 같은 부드러운 종이에는 염색에 이용되는 파라핀을 이용하여 균열을 만들어낸다. 그 과정을 보면, 완성된 동양화 그림에 파라핀을 2~3겹 칠한 후 그 위에 얼음을 올리거나 구기게 되면 파라핀에 균열이 생기게 되는데 여기에 노드유와 같은 유화제 성분에 짙은 먹색을 섞어 파라핀을 칠한 부분에 문지르면 갈라진 틈 사이로 먹색이 스며들게 된다. 이때 남은 먹을 깨끗하게 닦아 내고 틈새로 스며든 먹이 완전히 마르도록 하루 정도의 건조과정을 거친 후 그 위에 종이를 덮고 다리미질을 함으로써 파라핀을 녹여내는 방식을 이용한다.

빙점기법

인간은 온도변화에 대단히 민감하고 순간적으로 그 변화에 반응하는 특성이 있다. 이러한 사실과 창문에 생긴 성에의 모습에 착안한 회화작가들이 그러한 특성을 자신의 작품에 담아내면서 빙점기법이 탄생하였다. 기본적인 빙점기법의 제작과정은 다음과 같다.

- 미세한 분말의 흙이나 안료 60%에 초산비닐수지나 카세인 수 또는 수용성 접착제 30%, 그리고 물 10% 정도를 섞어 지대체(바탕 처리를 한 캔버스) 위에 골고루 칠하여 둔다.
- −3℃에서 −7℃ 사이의 추운 겨울에 땅바닥 위에 지대체를 놓고 약 20~40분 정도를 경과시킨다.
- 그후 약 하루 정도 이를 건조시키면 어두운 골 부분의 물기가 증발되고 다양한 표면 현상이 나타난다.
- 표면 위에 분무기로 묽은 고착제를 뿌려주면 흙 속의 기공으로 고착제가 스며들어 고착된다.

빙점기법을 이용할 때, 고착제는 수용성을 사용해야 하나, 밑바탕에는 흙 대신 다른 유색의 안료를 사용할 수도 있다.

앞에서 언급한 표현기법등을 참고하여 연습해 보자. 또한 본인의 미감에 맞는 기법을 개발해 보자. 이를 위해서는 다양한 실험이 필수적이며 작업의 내용과 결과를 기록하여 정리하는 것이 중요하다. 2가지 정도의 기법을 개발하여 대표적인 과정을 기록해보자.

1	2
3	4

표현기법 A

1

2

3

4

표현기법 B

Mixed Media

혼합재료의 사용과 표현

26th week

27th week

혼합재료의 사용 (Mixed Media)

혼합재료는 전통적인 채색 안료-수채화, 유화, 아크릴화, 사인펜, 파스텔, 크레파스뿐만 아니라 3차원적인 물체를 결합하는 것까지도 포함된다. 사실 최근 대부분의의 작품들은 파스텔-수채, 아크릴, 포스터컬러, 마커-색연필 등 혼합재료를 다양하게 응용하고 있다. 또한 물체와 회화의 결합은 일상적인 것의 의외성을 느끼게 해주고 그림에 새로운 활력과 입체감을 준다는 면에서 효과적인 회화방식으로 사용된다.

혼합재료의 종류 (Mixed Media Materials)

앞에서 배운 채색화 재료를 섞어서 사용하는 것도 소극적인 의미에서 혼합기법일 수 있지만, 그 밖에 일상생활에서 발견할 수 있는 재료 위에 페인팅하거나, 덧붙이는 방식으로 재료 자체의 질감을 장식적 요소로 적용할 수 있다.

신문을 그림에 붙이거나 하는 것은 입체주의 이래로 활용되던 방법으로 문자나 편집 상태의 형태감을 감각적으로 재응용할 수 있는 좋은 매체이다. 이것은 대중적인 팝아트의 분위기를 내기도 한다.

목재는 자연스러운 옐로우 톤을 띠고 나뭇결의 흐름이 아름다워 목가적인 분위기를 연출해 준다.

금속이나 유리, 거울 등의 재료는 빛을 반사해 내는 성질을 갖고 있어 완성된 그림이 도회적이고 미래적 분위기를 띤다. 최근 많이 선보여지는 젤리 타입의 투명 물감은 반사성질을 그대로 반영하므로 이 재료와 함께 많이 사용된다.

자신이 그리고자 하는 옷을 유사한 질감이나 문양의 천으로 직접 붙여 줄 수 있다.

2차원적인 종이나 그림뿐 아니라 다양한 자연물이나 인공물, 모든 것이 회화의 재료가 될 수 있다. 색감과 질감이 풍부한 재료는 작가의 표현의 한계를 뛰어넘는 시각효과를 보여 줄 수 있다. 그러나 시간이 흘러도 변하지 않는 재료를 선택하는 것이 좋다. 식물은 건조시킨 후 사용한다.

혼합재료의 표현(Mixing of Drawing Materials)

각각 다른 안료를 여러 겹으로 덧칠하여 효과를 내는 방법으로, 농도가 옅은 것에서 강한 것의 순서로 진행하는 것이 좋다.

Bang Eunyoung

수채화와 색연필을 혼합하면 보다 정밀한 효과를 얻을 수 있다.

색지에 색연필, 수성펜, 젤러펜으로 덧칠하였다.
서로 반대되는 성질의 재료들도 의외의 재미있는 효과를 연출해낼 수 있다.

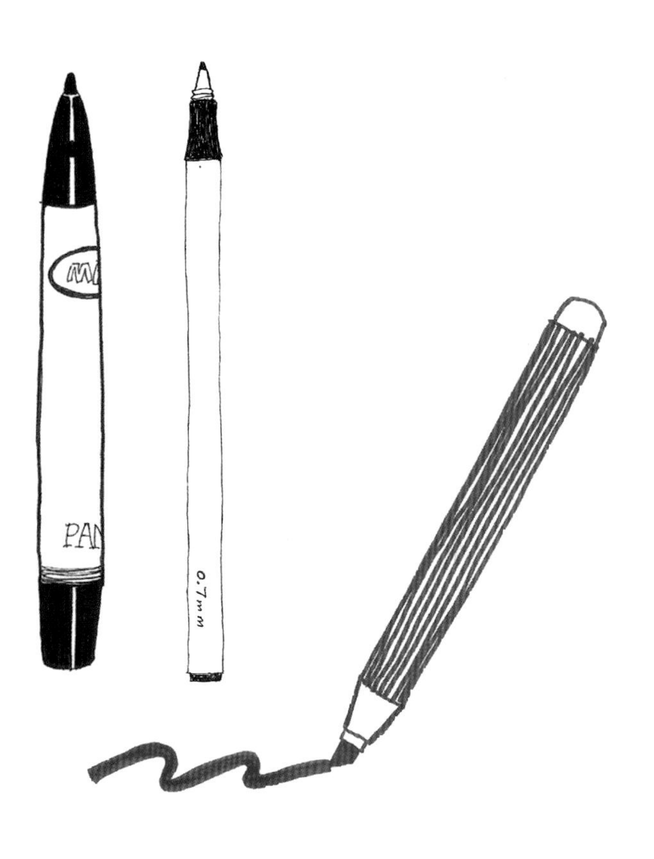

Lee Yunjung

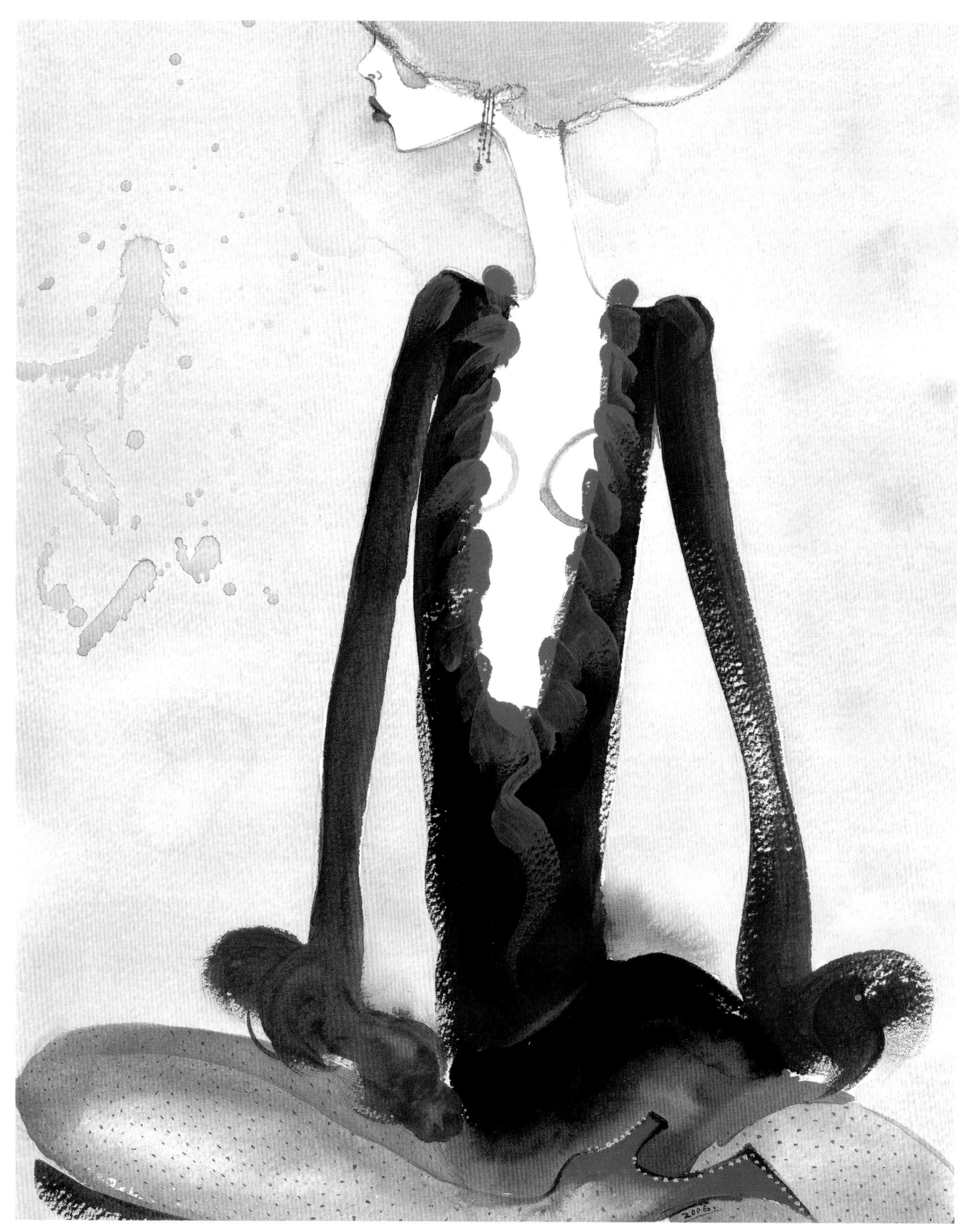

배경은 수채화, 인물은 아크릴로 표현하여 자연스러운 농담의 차이를 주었다.

Lee Kyunga

크라프트지에 색연필로 그린후 물감으로 부분적 효과를 내었다.

합성수지에 침핀으로 음각한 후 크레파스로 상감하였다.

영수증 위에 색연필, 사인펜으로 채색하였다.

모조지에 붉은 먹지를 대고 그렸다.

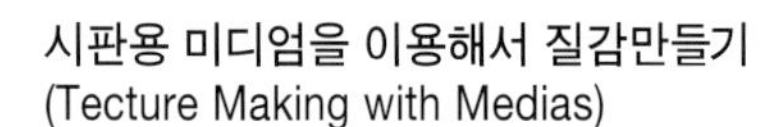

시판용 미디엄을 이용해서 질감만들기
(Tecture Making with Medias)

지면에 입체감을 주는 다양한 미디어를 더하거나, 시판 되는 것이 아니어도 일상적인 재료를 더해 새로운 질감을 만들어 낼 수 있다. 다음 그림은 미디어와 그 밖의 재료로 질감을 낸 후 아크릴 물감으로 채색한 것이다.

모델링페이스트(Modeling Paste) + 빗(Comb)

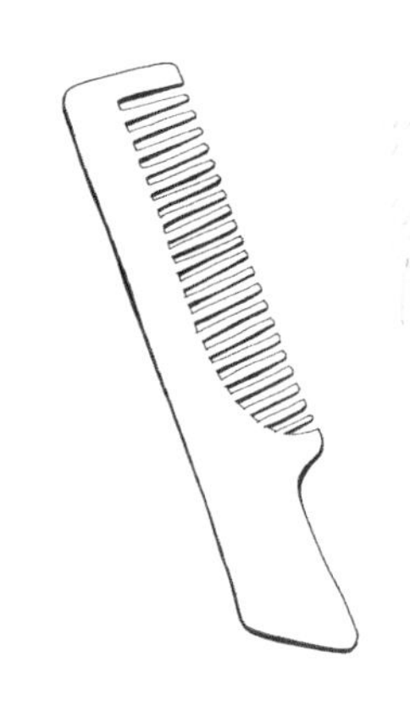

크리스타 모르타르
(Crystar Mortar)

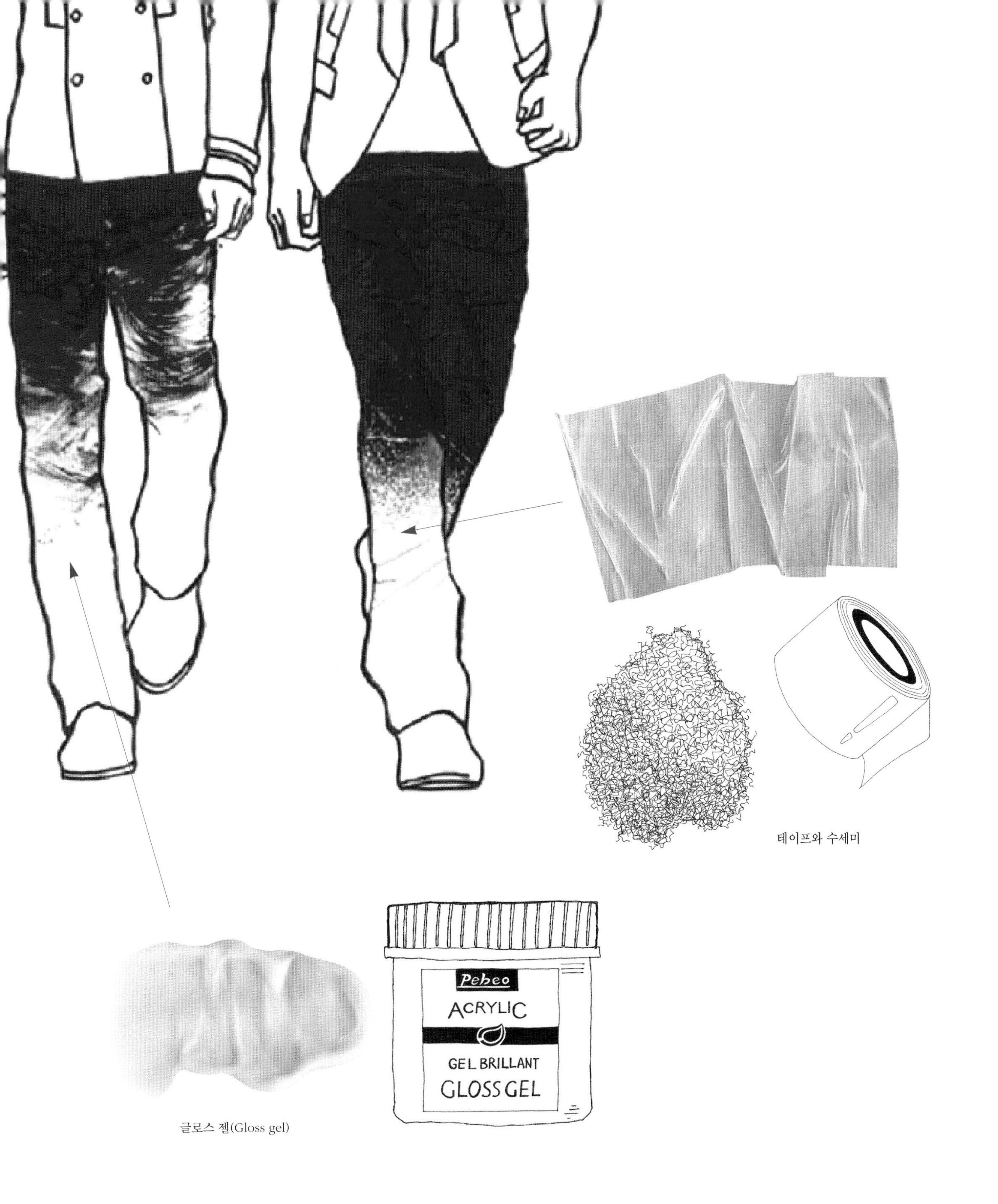

테이프와 수세미

글로스 젤(Gloss gel)

콜라주 (Collage)

색이나 질감, 원근감을 내기 위해서 각기 다른 그림을 자르거나 찢어서 합성하는 것이다. 평면적인 재료를 사용하더라도 각자가 가지고 있는 질감과 표현방법을 다르게 하면 재미있는 그림을 완성할 수 있다.

손그림과 컴퓨터 그래픽 등을 각각 다른 종이에 그린 후 오려 붙여서 붙여 입체감을 주었다.

Lee Hyunjin

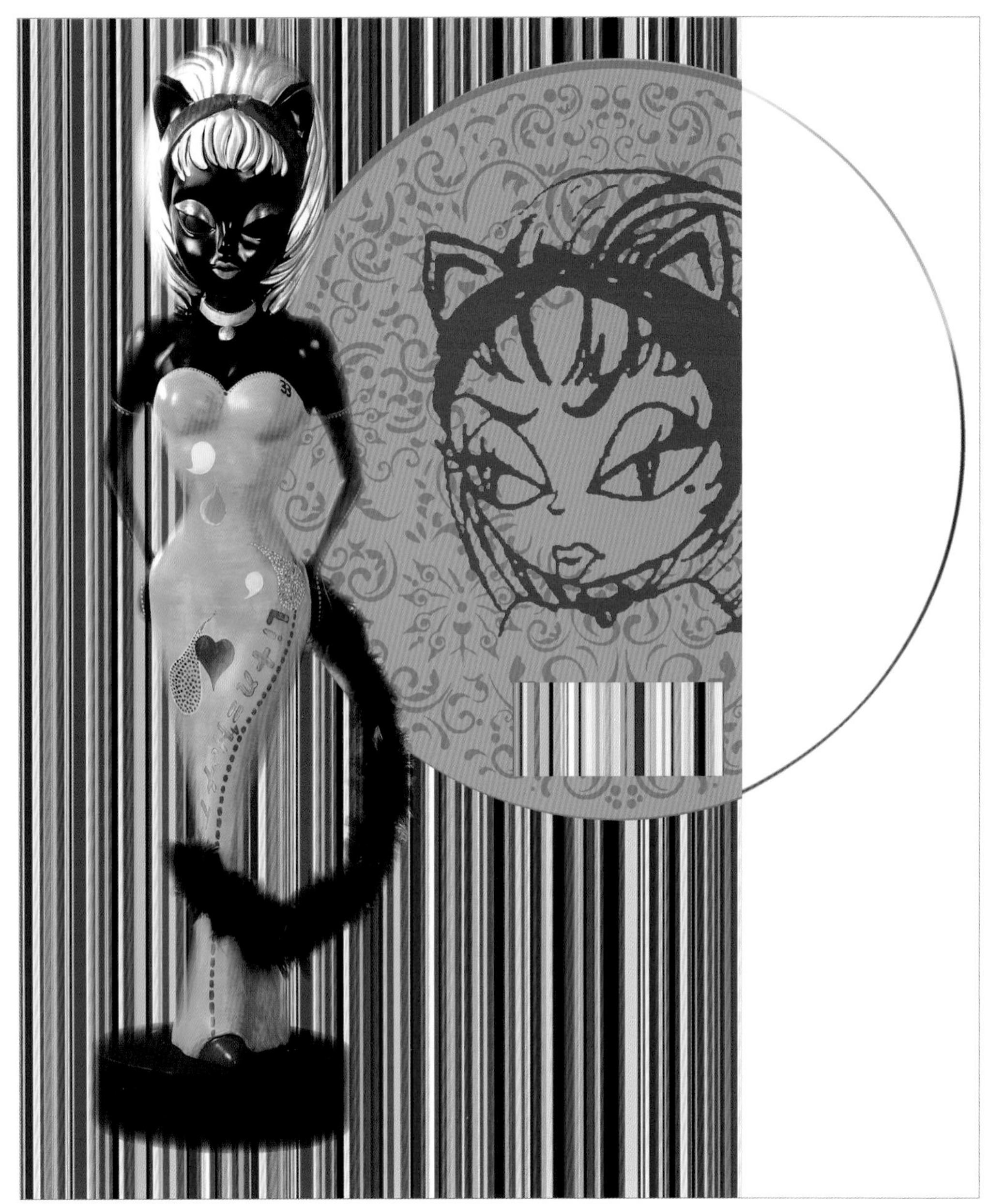

자신의 캐릭터를 조형화한 후 채색하여 촬영, C.G와 합성하였다.

Nam Jihye

혼합재료를 이용한 작품 (Mixed Media Excecises)

일반적인 물감 대신 잡지의 사진이미지들을 사용하였다.

Park Jihye

털실과 금속재료, 단추를 부착하였다.

Chun Bokyoung

알루미늄 일회용 접시를 이용하였다.

Kim Jinhee

패브릭 위에 아크릴로 채색하였다.

Jung Jinhwa

잡지 이미지를 구겨서 텍스처를 만든 후 붙여주었다.

Digital Tools

디지털 도구의 사용과 표현

28th week

29th week

디지털 도구의 사용

컴퓨터

그래픽 전용 컴퓨터를 생산하는 애플사(社)는 매킨토시 시리즈로 성공을 거두었다. 그러나 최근에는 IBM, SOM 등의 업체와 제휴하며 종합 정보 시스템 회사로 변화를 모색하고 있으며, IBM 사용자들도 쉽게 그래픽 작업을 할 수 있게 되었다.

입력장치와 저장장치

간단한 워드작업을 할때 쓰던 마우스 이외에도 펜형의 타블렛은 좀 더 섬세한 그래픽 작업을 할 수 있다. 스캐너, 디지털 사진기 등은 원하는 상을 디지털이미지화 하는 데 사용되며, 이러한 이미지나 작업 파일들은 CD나 USB 드라이버, 하드디스크에 저장하여 운반한다. 디지털카메라의 이미지들은 메모리 스틱이나 메모리 카드에 저장할 수 있으며 자료를 컴퓨터로 이동하고자 할 때는 공유기를 사용한다.

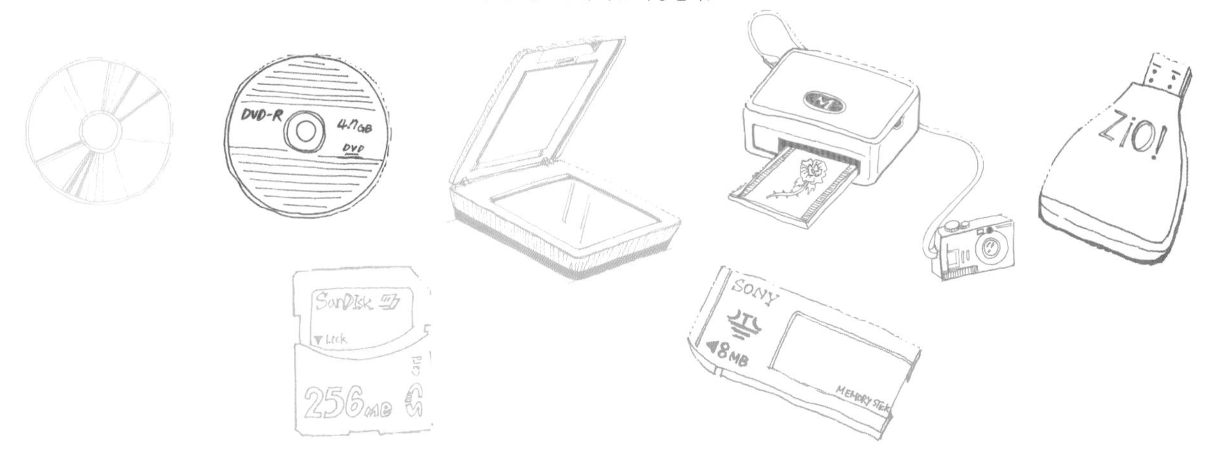

그래픽 프로그램

컴퓨터로 이미지 작업을 하기 위해서는 이에 맞는 그래픽 프로그램이 필요한데, '포토샵(Photoshop)' 은 입력된 화상에 대하여 다양한 편집과 수정을 할 수 있는 프로그램으로, 사진 이미지의 색상 보정, 오래된 사진 복원, 이미지 합성, 웹디자인 등의 작업을 할 수 있다. '일러스트레이터(Illustrator)' 역시 이와 유사하나 사진의 편집이 아닌, 주로 편집 디자인과 캐릭터 디자인, 심볼 디자인, 제품 디자인 등의 작업에 사용한다. 화상 이미지의 고정밀도 분리 출력까지 지원하고 있어 출판사나 신문사 등 전문적인 현장에서도 사용되고 있다.

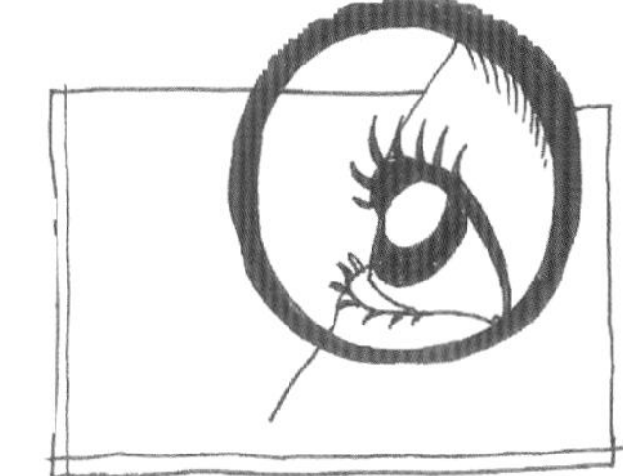

디지털 도구를 이용한 표현

현대의 예술 분야는 컴퓨터와 카메라 등, 발달된 디지털 제품에 많은 도움을 받고 있다.
회화, 조각, 건축 등 전통적인 공예기법이 디지털 기술로 통합되고 각각의 영역에 긴밀한 연관성을 맺고있는데 이것은 기능적인 측면 뿐 아니라 예술적인 측면에서도 그 기능이 확장 사용되고 있다.

다양한 소프트웨어의 발달에 의한 효과들이 강력한 시각효과는 수정의 용이함과 무제한의 복사성, 그리고 작업의 기동성이라는 장점들과 결합하여 우리의 상상력을 넓혀준다.

이러한 컴퓨터의 편리성을 이용하여 머릿속에서만 맴돌았던 아이디어들을 실제적으로 시각화해 보자.

디지털 툴을 사용하는 일은 적지않은 시간과 노력이 필요하다. 이러한 형식의 표현에 관심이 있는 사람은 전문가의 도움을 받아서 지속적인 연습을 하여야 한다.

Lee Jinkyung

일러스트레이터를 이용한 이미지

벡터 프로그램으로 대표적인 일러스트레이터의 강점은 깔끔한 선과 색감의 표현이다.

포토샵을 이용한 이미지

핸드드로잉을 스캔받은 후 포토샵에서
색보정과 합성을 하였다.

Lee Younghwa

TIP

레스터 이미지의 대표적인 프로그램인 포토샵의 장점은 보다 자유로운 색감의 사용과 형태의 변형에 있다.

일러스트레이터를 이용한 이미지

핸드드로잉을 스캔한 후 포토샵에서 브러시툴로 채색하였다.

모델 사진과 의상에 사용된 패턴, 색감을 합성하였다.

채색된 그림을 스캔받은 후
포토샵에서 색을 보정하였다.

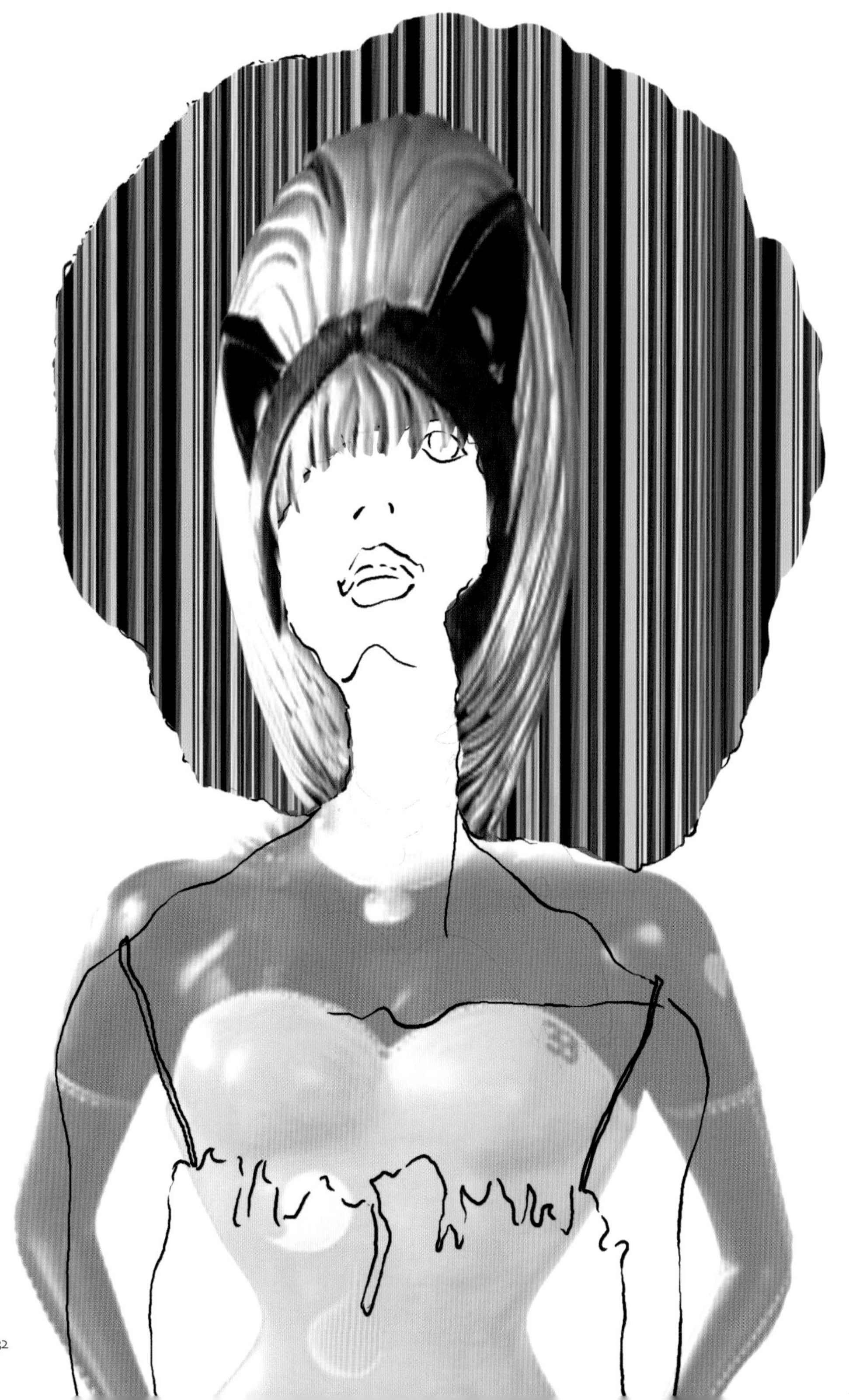

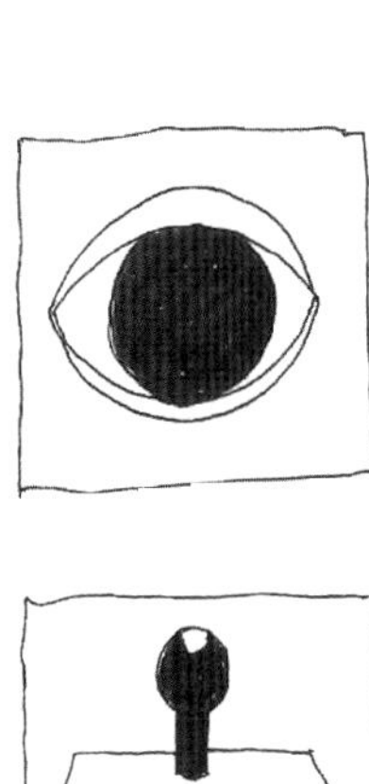

그래픽 프로그램의 모든 툴을 알거나 사용하는것은 쉬운 일이 아니다. 그러나 글씨를 잘 쓴다고 하여 글을 잘 쓰는 것은 아니듯, 자신에게 익숙한 툴을 다양한 방법으로 사용하는것에서 시작하여 점차 영역을 넓혀가면 디지탈 툴의 사용과 표현에 대한 부담감을 줄일 수 있다.

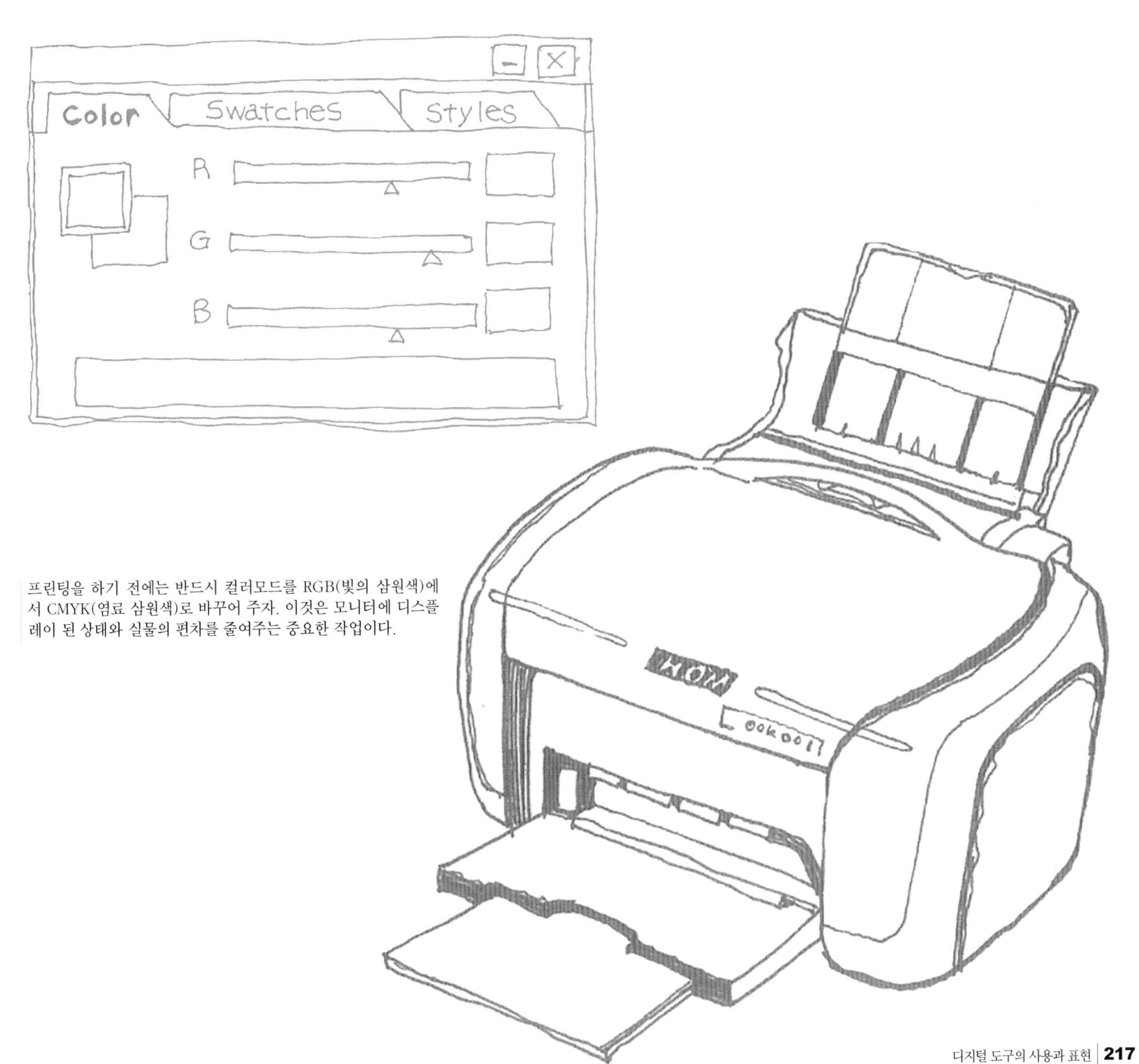

프린팅을 하기 전에는 반드시 컬러모드를 RGB(빛의 삼원색)에서 CMYK(염료 삼원색)로 바꾸어 주자. 이것은 모니터에 디스플레이 된 상태와 실물의 편차를 줄여주는 중요한 작업이다.

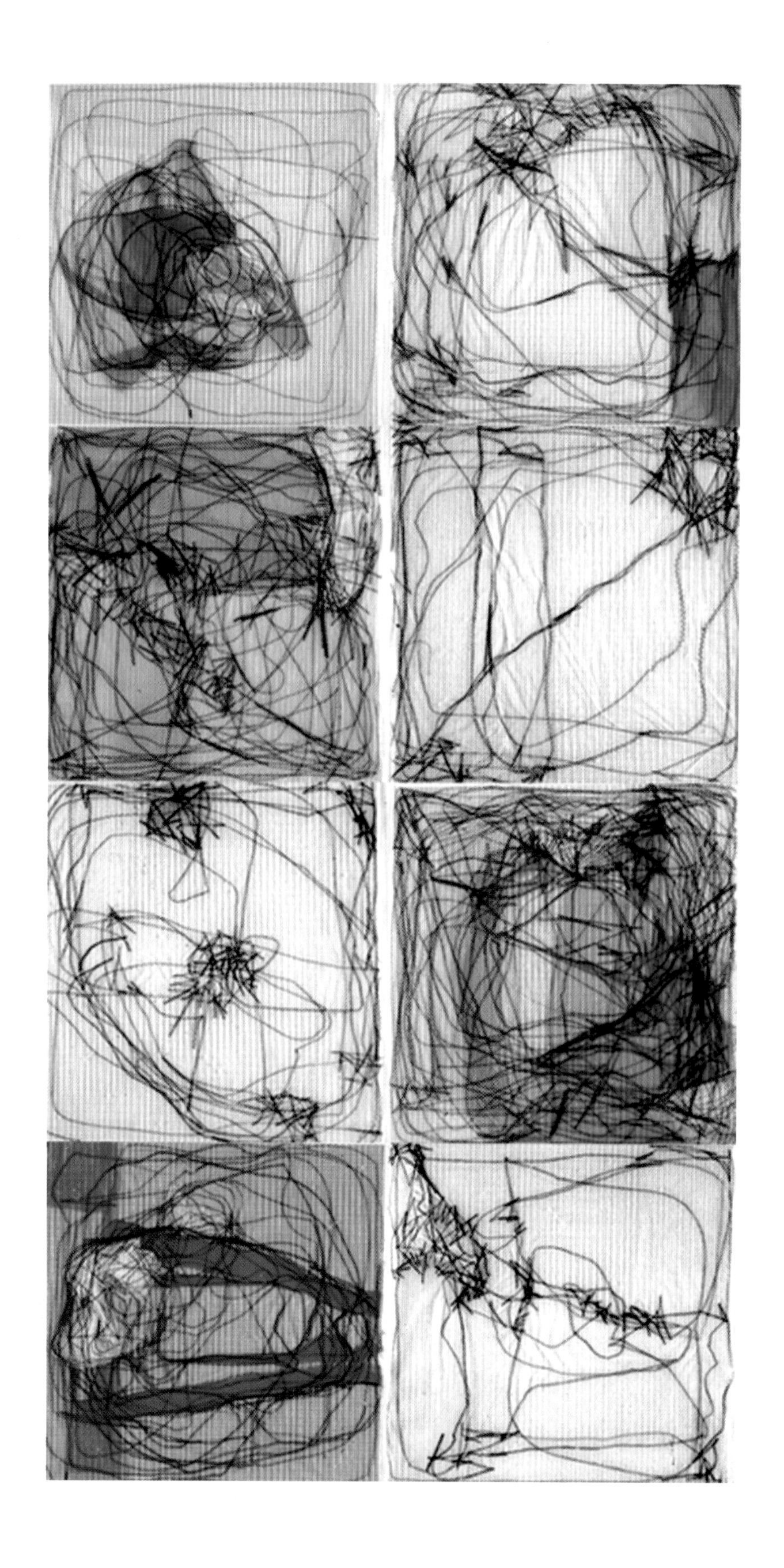

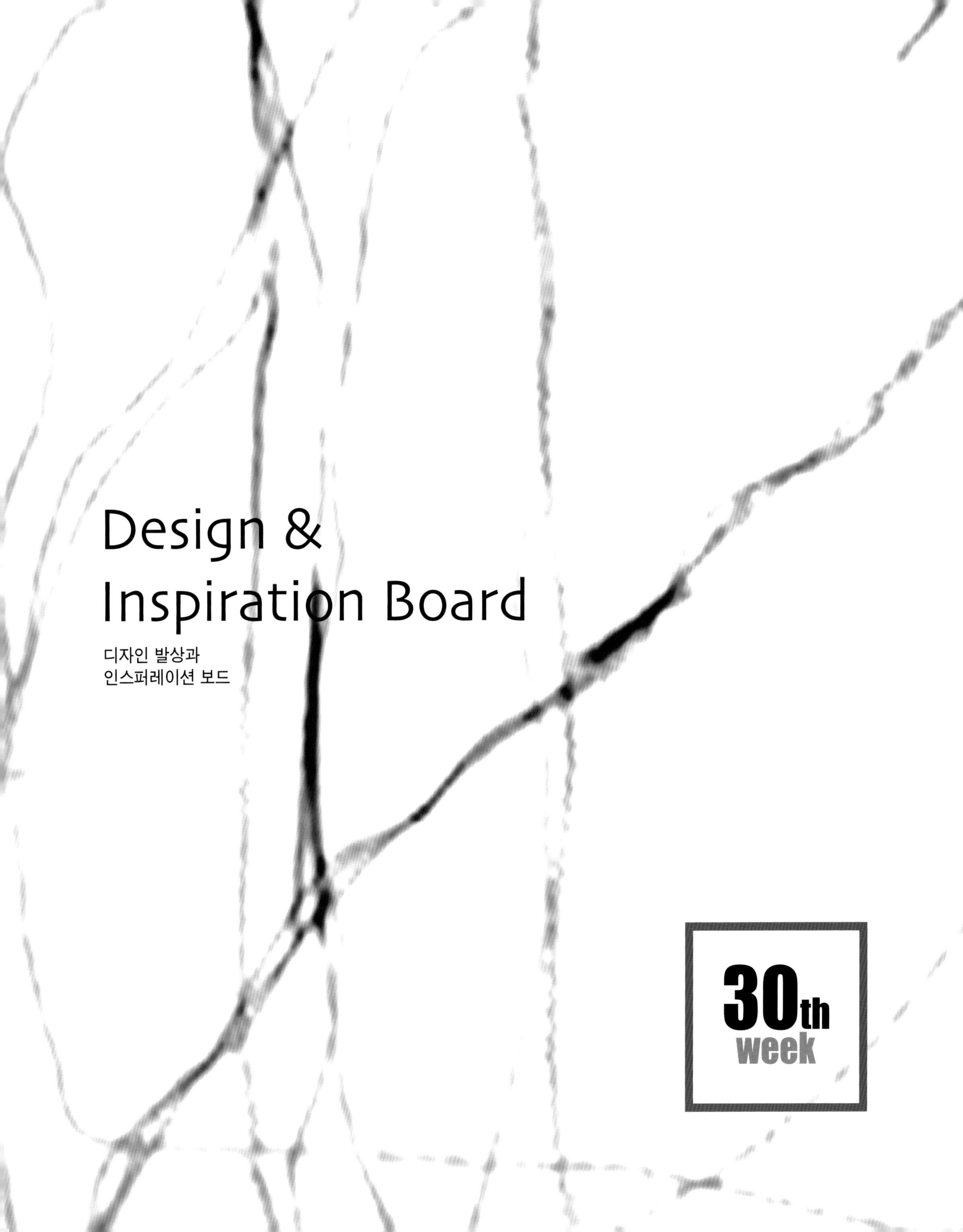
Design &
Inspiration Board
디자인 발상과
인스퍼레이션 보드
30th
week

이미지 & 인스피레이션 발상법 (Image & Inspiration)

자신에게 적합한 발상법을 개발하여 사용하기 전에 마인드맵과 오스본의 체크리스트에 대하여 알아보고 연습해 봅니다.

마인드맵 (Mind-mapping)

간혹 어떤 문제에 대하여 창조적으로 사고하고 있을 때, 시간이 흐르거나 연속적인 사고의 연상이 진행되면서 그 사고한 내용의 일부는 잃어버리게 되고 재생하기가 어렵게 된다. 마인드맵은 유기적으로 연결되는 일련의 생각을 훌륭하게 상기시켜준다. 마인드맵은 개인적으로 아이디어를 창출하고 기록하기 위한 방법이다. 또한 어휘 연상을 이용하는데 자기 자신의 사고 패턴이 어느 쪽으로 뻗어 나가든 그 패턴을 쉽게 따라가도록 해준다. 마인드맵은 또한 창출한 아이디어를 효과적으로 기록할 수 있도록 해주는 기능도 갖는다.

적용

· 자유연상을 이용하여 아이디어를 창출하려 할 때
· 아이디어를 기록하기 위해 아이디어의 목록을 만드는 것에 대한 대안으로 사용할 때

방법

· 커다란 백지의 한가운데 주제나 안건 또는 문제를 적어놓는다.
· 중심주제로부터 자유연상을 시작한다.
· 첫 번째 주제에서부터 시작하여 선을 그리고 이름을 붙인다.
· 적어놓은 생각의 꼬리를 물고 연상이 되는 것이 있으면 생각이 흐르는 대로 그 선에서 가지를 치고 이름을 붙인다.
· 중간에 멈추지 말고, 한 아이디어가 떠오르면 새로운 선을 그리고 시작한다.
· 이미 적어 놓은 것에 대하여 평가하거나 비판하지 않도록 주의한다. 머리에 떠오르는 아이디어는 모두 적는다.
· 아이디어의 샘이 마르면 서로 관련된 아이디어들을 다른 색의 펜을 사용하여 연결한다.

주의사항

· 마인드맵을 처음 접했을 때 어떤 사람들은 이 기법이 대단히 유용하다고 느끼는 반면, 어떤 사람들은 다음 두 가지 이유 때문에 불편하다고 느낀다.
· 정형화된 구조가 없다.
· 마인드맵의 프로세스가 요구하는 자발성을 갖기 어렵다.

연습

1960년대의 패션이라는 주제를 가지고 본인의 느낌이 담긴 마인드맵을 만들어 본다.

오스본의 체크리스트

체크리스트는 여러 경우에 다양한 형태로 개발되어 사용되고 있는데, 아이디어 창출을 위해서는 알렉스 오스본 (Alex Osborn)의 체크리스트가 널리 사용되고 있다. 오스본의 체크리스트는 다음과 같이 구성된다.

· 다른 용도로?
· 적합화시키면?
· 변경하면?
· 확대하면?
· 축소하면?
· 대체하면?
· 재정렬하면?
· 반전하면?
· 결합하면?

목적

문제를 바르게 인식하거나 대안 또는 아이디어를 얻기 위해 사용한다.

적용

· 대상이 되는 제품이나 문제를 명시한다.
· 체크리스트에 있는 동사를 적용하여 변화의 가능성이 보이면 그 변화의 방법을 기록한다.
· 더 이상 아이디어가 나오지 않을 때까지 계속하고, 끝나면 기록해 놓은 것을 검토하고 그 중 어떤 것들이 미리 정해놓은 기준을 만족시키는지 확인한다.

방법

· 다루려 하는 이미지 또는 작품이 어떤 것인지 확인한다.
· 체크리스트의 각 동사를 적용해 보아서 어떤 변화의 가능성이 보이면 기록한다.
· 더 이상 아이디어가 나오지 않을 때까지 계속한다.
· 완료되면 기록된 아이디어들을 검토하고 이들 중에서 기준을 충족시키는 것에는 어떤 것이 있는지 확인한다.

주의사항

체크리스트는 문제의 성격이나 목적에 따라 변형하거나 추가할 수 있다.

적용사례

· 다른 용도로?
현 상태에서 새로운 용도로 쓰일 곳은?
개조하여 다른 용도로 쓰일 곳은?
사용 후 폐품은 다른 용도로 쓰일 곳은 없을까?

· 적합화시키면?
과거에는 비슷한 현상이나 물건은 없었을까?
다른 방법으로 모방할 수 있다면?
다른 원리로 응용될 수 있다면?

· 변경하면?
소리와 냄새로 변경한다면?
형태와 위치로 변경한다면?

· 확대하면?
시간을 길게 한다.
두께를 두껍게 한다.
높이를 높게 한다.

· 축소하면?
부피를 작게 한다.
농도를 엷게 한다.
길이를 짧게 한다.

· 대체하면?
다른 재료와 동력으로 대체하면?
다른 방법으로 대체하면?

· 재정렬하면?
패턴을 바꾼다.
레이아웃을 재배열한다.
부품을 다시 배열한다.

· 반전하면?
안과 겉을 바꾸어 본다.
역할과 위치를 바꾼다.

· 결합하면?
재료를 혼합해 본다면?
목적을 결합한다면?
상표를 공동으로 한다면?

연습

자신의 옷장에서 입지 않는 옷을 5벌 정도 찾아낸다.
이 옷을 해체하여 다른 기능을 가진, 다른 성을 위한 옷을
재조합해 보자!

*제한시간 10시간으로 패턴, 봉제 등의 디테일한 작업보다 이미지 전달 작업에 집중한다.

유연한 사고와 연상을 통한 아이디어 발상 연습

아이디어 발상을 위한 준비

생활 속의 아이디어 발상법

집단 발상

좋은 발상을 얻기 위한 원칙

- 발상의 목적이나 의도를 되도록 명확하게 한다.
- 질이 좋은 정보를 되도록 많이 축적해야 한다.
- 목적에 따라 필요한 정보를 외부로부터 적절한 시기에 받아들일 수 있는 능력을 쌓아야 한다. 그러기 위해서는 잡지나 신문 등의 정보를 스크랩해 둔다. 또는 발상의 힌트가 될 만한 것을 카드화해 두는 등 평소의 준비나 마음가짐이 요구된다.
- 축적된 정보를 목적에 따라 외부로부터 받아들인 정보화 서로 가공, 변형, 혼성시켜 훌륭한 발상이 나오게 하기 위한 방법에 숙달되어야 한다.

발상의 패턴을 바꾸는 기술

- 문제를 명확히 한다.
- 정보를 모은다.
- 사실을 조사한다.
- 문제에 순서를 부여한다.
- 마감일을 설정한다.
- 해결목표를 설정한다.
- 논리적으로 생각한다.
- 이미지를 그린다.
- 시점을 바꾼다.
- 집요하게 생각한다.

아이디어를 낳는 발상의 기술 15

- 쌓아 올린다.
- 덧붙인다.
- 종합한다.
- 결부시킨다.
- 결합한다.
- 나눈다.
- 없애 버린다.
- 좁힌다.
- 뒤집는다.
- 위치를 바꾼다.
- 바꾸어 놓는다.
- 넓힌다.
- 우회한다.
- 놓다.
- 근본으로 되돌아간다.

기획발상을 위한 창조기법

친화도

은유/유추법 (Analogy / Metaphor Technique)

유추와 은유를 사용하는 것은 문제정의와 문제해결에서 창조성을 자극시키는 귀중한 도구가 될 수 있다. 아인슈타인은 때때로 문제를 시각화하고 해결하는 방법으로 이 기법을 사용했다.

속성 열거법 (Attribute Listing)

팀 구성원의 아이디어가 막혔을 때나 너무 한쪽으로 치우친 아이디어만 나올 때 새로운 아이디어가 나오도록 유도하기 위해 사용한다.

경계 검사법 (Boundary Examination Technique)

이 기법의 목적은 가정들–우리가 사고하는 데 있어서의 범주(boundaries)–를 재구성하고 문제를 바라보는 새로운 방법을 제시하는 것이다.

브레인스토밍

1941년 BBDO 광고대리점의 오스본(Allex F. Osborn)이 광고관계의 아이디어를 내기 위해 고안한 일종의 회의방식이다. 브레인스토밍은 널리 팀별로 사용되는 아이디어 창출 기법으로 문제나 문제에 대한 대안적인 해결안이나, 개선을 위한 기회를 찾기 위해 사용한다.

브레인라이팅 (Brainwriting)

브레인라이팅은 독일 프랑크푸르트의 바델 연구소에서 개발된 기법으로 각 참가자들의 아이디어를 기록하기 위해 비언어적 접근방법을 사용하는 아이디어 창출 기법이다.

결점열거법 (Bug List)

발명가들은 그들 주위에서 보이는 것들에 만족하지 못하는 경향이 있다. 그들은 불만을 느끼는 것에서 그치지 않고 적극적으로 그것을 고치기 위한 방법을 찾는다. 결점열거법은 발명가들의 이러한 경향을 이용하기 위하여 개발되었다.

패션을 다루는 사람에게 창작의 영감으로 떠오르는 이미지는 매우 중요하다. 그러나 이보다 더 중요한 것은 '패션이라는 조형작업 이전에 작가가 추구하는 이미지를 느낄 수 있게 하려면 어떤 방식을 써야 하는가?' 라는 문제이다. 이미지 & 인스피레이션(Image & Inspiration Board)' 은 말 그대로 이미지가 담긴 평면작업으로, 패션과 패션 일러스트레이션 분야에서 이런 창작 영감의 가시화 문제를 그림이라는 수단을 이용해 지혜롭게 해결하는 방법 중 하나이다.

즉 이미지 & 인스피레이션 보드는 디자이너가 원하는 결과물을 만들기 위해 의식과 무의식 속에서 흐르는 갖가지 생각을 감각적으로 제시하여 표현한 것이다. 패션과 패션 일러스트레이션 작업의 대략적인 방향이나 분위기를 결정하는 한편, 관객, 사용자, 대량생산 시의 제작자에게 앞으로 어떤 모습과 느낌의 작품을 만들 것인가를 구체적으로 설명하기 위한 기초적인 그림이 된다. 또한 그 자체로도 실용적이거나 예술적인 기능을 갖는다. 이는 완성된 패션 작품이라는 목적지를 제시해 주는 표지판과 같은 역할을 가지고 있다. 이렇듯 이미지와 인스피레이션 보드는 의식과 무의식을 내포한 기초적인 설명서이며, 앞으로 완성될 작품을 향한 나침반이며, 만들고 싶은 작품을 향한 의식과 무의식의 추적이라고 말할 수 있다.

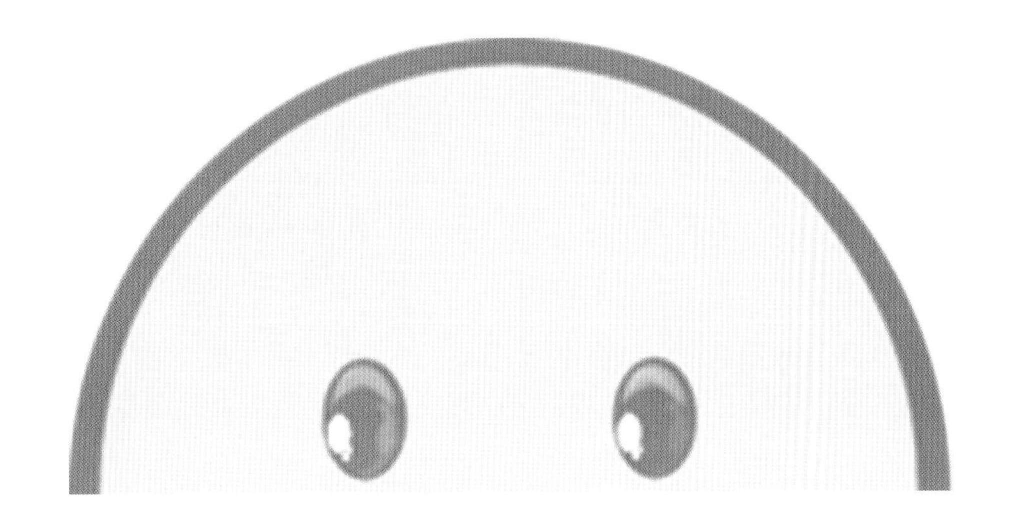

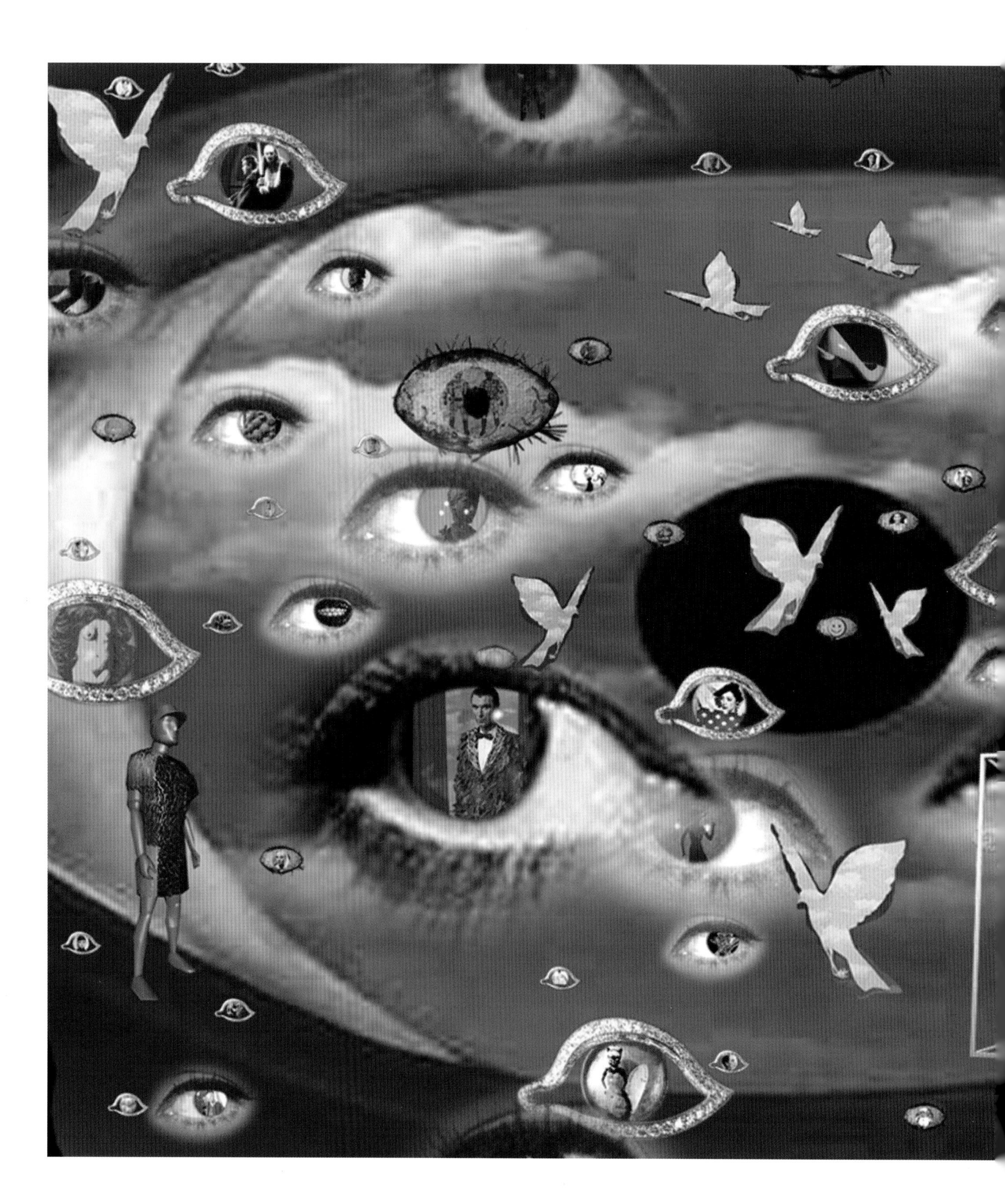

Fashion Illustration for Art

예술표현으로의 패션 일러스트레이션

31st week

여러분의 패션 일러스트레이션 작업은 무한대 환상 속에서, 무한대의 자유로운 표현으로 자신의 이야기를 독백하는 것이다. 틀에 박힌 기성에서 탈출해서, 무엇인지 자유로운 운동이 있고, 시각의 응결과 확산이 이루어지는 새로운 미학에 도달하려는 것이기도 하다. 그리고 이런 자유로움을 표현하고 디자인할 수 있다면 여러분의 작업은 패션, 주얼리, 악세서리에서 패션 디스플레이 등 패션과 관련된 모든 분야에 예술적인 적용과 상업적인 가능성을 가질 수 있을 것이다.

예술 표현을 위한 연습 1

아래에 열거한 33개의 단어에 대하여 생각해 보고 3~5개의 키워드를 기술해 보시오.

패션

패션디자인

예술

희망

열정

사랑

미

감

몸

정신

초현실

이미지

대중

육감

조형

컬러

텍스처

소재

테크닉

꿈

환상

사회적

반사회적

이상미

주류

비주류

자연

환경

에로티시즘

강조

강요

역사

변형

예술 표현을 위한 연습 2

다음은 의류학과 학생들이 졸업작품의 제목으로 사용한 단어들입니다. 자신의 미감에 맞는 제목을 3가지 정도 정해서 패션 드로잉을 기초로 한 예술표현을 해 보시오!

감(感)
Morpheus(꿈을꾸는 자)
Meo 미오
Mutural
Inspiration
작 作
memento
amore
간구
Via 비아
원
초대
siesta
TRUE&FALSE
Some…
규 圭
due
아뜰리에
ps
Queen
규화 圭貨
novelty(색 다른)
랑혼
포르테
공간 Space
토날리테
거울
Let' s fly high
콩닥콩닥
Oh my Dita~
my new self.
Nymph
우리 언제 만날까?
Multiple Layer
Decoration
chick-lit
manic-depressive psychosis
Alice in wonderland
絶頂
Be Light
同化 아닌 同和
rothko
wishing tree

휴식, 그리고 도취
Sails away
Free to move
초연(初然)
자연을 입다
옷에 꽃이 피다? 꽃에 옷이 피다?
body flower
Astriel
Coke Holic
first love
나비 효과
dazed and confused
What goes around, comes around
전환, 변화(TURN)
가온(GAON)
luscious
소망
기억 記憶(remembrance)
화영(花影)
퍼포먼스
열정
女心(여심)
끌림
생명(life)
hanabira(花弁)
飛上
송학(松鶴)
서영(曙迎)
Springday
竹蘭
해어화(解語花)
興
美
스테이지3
月下美人
무아
어울림
進
비상
飛天
雪花
麗人(려인)
A place that is nowhere

적(敵) - antagonist
상하이의 밤
beautiful deviation
Dazzling urban, urban Modernism,
Platinum City
Bobby girl . Punk
雪 雅
SHINE
月夜密會
childish innocence
The Silent Deviation
항아
remember S.india
existence
passion(열정)
타인의 시선
for Evans
illusion
수채화처럼...
SEE THROUGH
Feel drawn to clarity
flutter
선물(present)
달리아
The Pink Flowers, Blooming in Black
Diamond
'O sole mio
bleeding heart
Carmen of Seaside
Nyx
Rhythmic revival
Roman Holiday
Blooming Lofty Beaty
Love & The Rehearsal
To Witness A Miracle
swan song
wedding-여자의 내면을 걷다
Moon river
Cattleya
에떼르넬 레브
영원한...꿈....
시선
악마는 프라다를 입는다

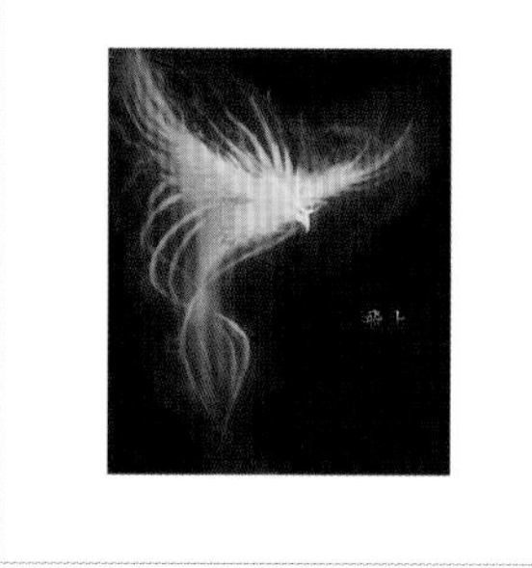

졸업작품 패션쇼를 위한 이미지 보드

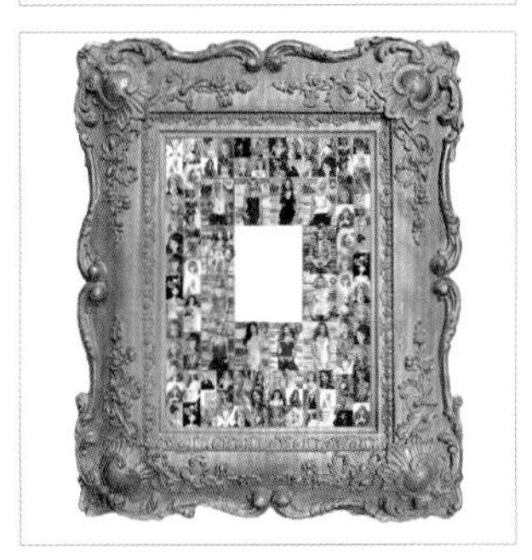

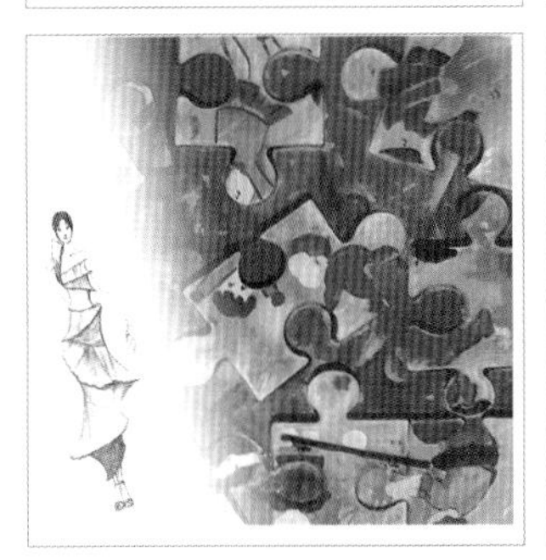

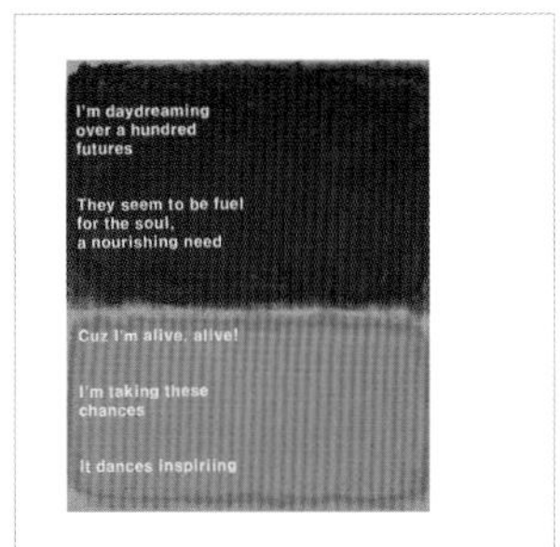

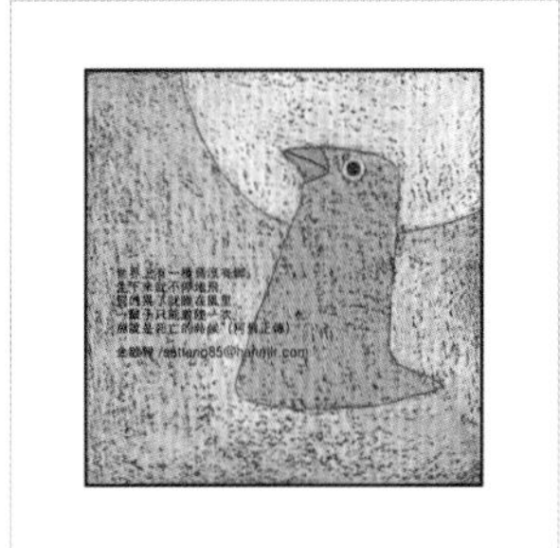

2007년 성신여자대학교 의류학과 학생들 작품

Jang Areum

Presentation

프리젠테이션

패션 일러스트레이션 작품의 프리젠테이션 (Presentation Excercises)

패션 일러스트레이션의 목적은 예술을 바탕으로 한 디자인 작업이다. 패션 일러스트레이션이 본질적으로 예술이 될 수 있는지의 여부는 오직 창조적 사상의 수준에 따라 결정된다.

성공적인 패션 일러스트레이션의 열쇠는 자기 표현보다는 자기 창조, 자기 초월적인 작업이다. 의식과 무의식의 이미지를 표현하기 위한 소극적인 의미가 아닌, 보다 적극적인 의미로 의식이 조정을 거치는 자발성의 표현이 필요한 작업인 것이다.

지금껏 이 책을 통해 여러분들에게 알려주고 싶은 일러스트레이션 방법론은 이미 사용된 방법을 따른 것이다. 각각의 표현방법은 다분히 설명적이며 제시된 많은 해결책들은 한 가지 또는 그 이상의 방법 중에서 적어도 한 가지 이상의 요소를 포함하고 있다. 대체로 어떤 특정한 방법을 선택하게 하는 것은 실제의 문제가 아니라 그 문제의 해결에 대한 아이디어이다.

여러분은 패션 일러스트레이션 방법에 대한 직감적인 이해와 수집된 자료에 의한 경험으로부터 얻어진 영감과 직관을 토대로 하여 적극적인 프로제트를 계획하고 진행하여야 한다. 또한 스스로의 작업에 믿음을 가져야 한다. 하지만 작업 내내 아래에 기술한 몇 가지 물음에 대한 해답을 찾아야 한다.

첫째, 왜 이 작업을 계획하고 진행하는가?
둘째, 이번 작업이 나의 미래의 패션 디자인 세계에 어떠한 영향과 도움을 줄까?
셋째, 누가 나의 관객인가?
넷째, 그들에게 무엇을 주려하며, 어떠한 영향을 끼칠 것인가?

대부분의 디자인 작업과 모든 방면의 디자인의 기본 원리는 해답이 아니라 설득이다. 현대의 패션 일러스트레이션도 예외는 아니다. 설득한다는 것은 충고, 역설, 변명, 권유 등의 방법을 통하여 사람들이 무엇인가를 하도록 납득시키는 것이다. 동시에 신뢰할 수 있도록 유도하고, 무엇을 확신하도록 하고, 어떤 사람의 사고와 행동에 영향을 끼치는 것을 의미한다. 개인, 집단, 대학, 사회, 국가 등이 저마다 요구하는 목적에 따라, 인간은 인종이나 종교에 관계없이 의식적이건 무의식적이건 부단히 설득당하고 있다. 그리고 물론 인간은 암호에서 법률에 이르기까지의 유효한 방법이면 무엇이든 동원해서 타인을 설득하려고 끊임없이 시도하고 있다.

아래에 기술한 프레젠테이션 예시를 읽고 이해해 보자. 이후 본인의 작업에 대해 적용하여 생각해 보자. 자 이제 본인에게 맞는 효과적인 프레젠테이션 방법론과 프로세스를 개발하고 연습해 보자. 작업에 대한 프레젠테이션은 작업의 일부이다. 패션, 패션 일러스트레이션 모두 그 자체로 존재하는 것이 아니다. 작품 자체의 개념과 완성도, 창조성과 함께 공간, 언어, 심지어는 온도와 냄새에 이르는 모든 감각을 포함하여 작품을 설명하고 보여주며 그 가치가 결정되는 것이다.

프레젠테이션의 예시 (Indication)

필자는 기존 패션 일러스트레이션 표현방법의 조사, 분석과 스스로 얻은 결과를 바탕으로 이번 작업을 진행하였다. 진행방법으로는 실제로 아이디어를 전개하여 이미지 보드로 만들고 이를 토대로 패션 일러스트레이션을 제작 해 봄으로써 패션 일러스트레이션의 예술표현 방법을 이해하려 하였다.

이번 프로젝트의 단계별 진행 방법과 내용은 다음과 같다.

먼저 아이디어를 고안하는 방법으로

1단계 - 발상의 장애가 되는 요인을 제거하고,
2단계 - 상상력을 강화하였으며,
3단계 - 상상력을 넓히는 연상방법을 단계적으로 작업하였다.

또한 체계적이면서도 실험정신에 입각한 작업을 하였다.

· 고정관념
· 기계적인 반응: 조건반사
· 자기규제
· 조직, 집단의 관행
· 선입견
· 금기 사항
· 전례

등의 발상 장애 요인을 초월하려는 노력을 하였다.

특히, 고정관념은 디자이너의 자유로운 상상력을 저하시키는 가장 큰 장벽이라고 할 수 있다. 특히 아이디어를 디자인으로 표현하는 데에는 고정관념에서 선과 형을 구성하는 필수적인 디테일이나 형태에 관한 고정관념, 컬러 선택에 관한 고정관념 등의 사물에 대한 일괄된 상식적인 사고의 흐름에서 벗어나는 것이 필수적인 선행 작업이었다. 이러한 고정관념은 초현실주의 표현방법을 바탕으로 디자인을 하는 데 있어서는 제거해야만 하는 장애요소였다. 특히 이번 작업에서는 사물의 본래 용도라는 고정관념에서 자유로워지려고 노력하였다.

선입견도 마찬가지다. 이 또한 발상의 장애요소다. 재료와 형태에 관한 선입견, 디자인의 용도에 의한 선입견 등 이러한 선입견은 무한한 디자인의 가능성을 짓밟아버리는 요인이기에 디자인 과정 내내 선입견으로부터 자유로워지려고 노력하였다.

이번 작업에서는 초기의 아이디어 전개 과정에서부터 상상력 강화를 위한 방안으로,

· 다른 용도가 있는지 상상하기
· 아이디어 수집범위 이동해 보기
· 확대해 보기
· 대용할 것이 있는지 연구하기
· 역으로 생각해 보기
· 축소해 보기
· 교환할 것이 있는지 연구하기
· 조합해 보기

등의 체계적이고 계획된 절차를 수행하고, 아이디어의 영역을 넓히는 연상 방법을 최대한 활용하도록 하였다.

결국 패션 일러스트레이션 표현방법을 기본으로 하되 상업성을 고려한 의상과 주얼리, 새로움과 놀라움을 주는 공간장식을 위한 효과적인 표현의 기초가 되는 일러스트레이션 작업이 프로젝트의 목표인 것이다. 이를 위해 다양한 스케치와 전개, 여러 가지 재료의 실험들을 통해 새로운 형태미와 재료의 느낌을 찾는 과정으로, 다양한 샘플 작업과 평가, 여러 가지 컬러의 실험을 통하여 다각도의 접근을 하였다.

기존 사고의 차원을 초월하기 위하여 사용한 디자인 개념은 3가지로 요약할 수 있다.

첫째는 디자인 작업에 꿈과 무의식의 이미지를 그대로 반영하려는 시도. 이는 단순히 무의식을 표현하기 위한 소극적인 의미가 아니다. 보다 적극적인 의미로 자발성의 표현의 개념이다.

둘째는 규칙과 질서에 얽매어 있는 기존의 사고 형식을 깨뜨리는 의미에서 자유로운 형태의 발견과 발전된 표현이다.

셋째는 순간적인 동적 변화 속에 나타나는 우연적 형태의 창출과 디자인에의 적용이다.

우연에 의해서 영감에 의해서 형성되는 형태와 색을 꿈에서, 무의식의 세계에서 그리고 필자의 경험을 통하여 창출하였다. 또한 무의식의 자연적 형태에서 얻어지는 자유로운 변화를 필자의 디자인 방법으로 사용하였다. 이러한 자유로운 형태는 인공적으로 또는 의도적으로 만들어지는 형태가 아니다. 필자는 이번 작업에서는 순간적인 동적 변화 속에서, 그 전에 존재하지 않았던 독자적 형태를 창조하기 위하여 자유롭게 변화되고 우연하게 포착되는 형태들을 디자인에 반영하였다.

연습 (Practice)

지금껏 배운 다양한 내용에 기초하여 자신의 작업을 효과적으로 보여주고 관객을 설득할 수 있는 프레젠테이션의 방법을 개발하자. 연습하자. 시도하자. 관객의 반응을 보자. 문제점을 찾아보자. 다시 개발하자. 시도하자. 관객의 반응을 보자. 문제점을 찾아보자. 다시 개발하자. 시도하자. 관객의 반응을 보자.

본인의 색을 충분히 보여주면서도 사회와 관객, 소비자가 인정하는 솔루션을 찾을 수 있을 것이다.

· 인스피레이션
· 이미지
· 에스키스
· 패션 스케치
· 패션 드로잉
· 작업 지시서
· 패션 일러스트레이션

등의 작업과 위의 작업에서 연장될 수 있는 본인의 패션 디자인, 패션 아트 작품에 대해 20분 동안 프레젠테이션하고 20분간 질의에 대한 응답을 해보자. 효과적인 이해와 이에 대한 질의를 위해 적어도 3일 전까지 프레젠테이션 전반에 대한 내용을 질의자에게 알려준다.

Lee hyungsook

러프 스케치에서 완성에 이르는 과정에 적합한 프리젠테이션 연습을 해 보자. 설득력 있는 프리젠테이션은 여러분과 여러분 작업의 가치를 배가 시킬 수 있다.

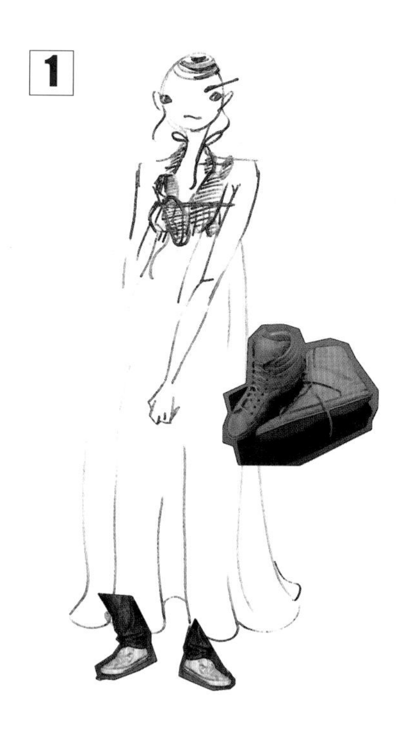

러프 스케치

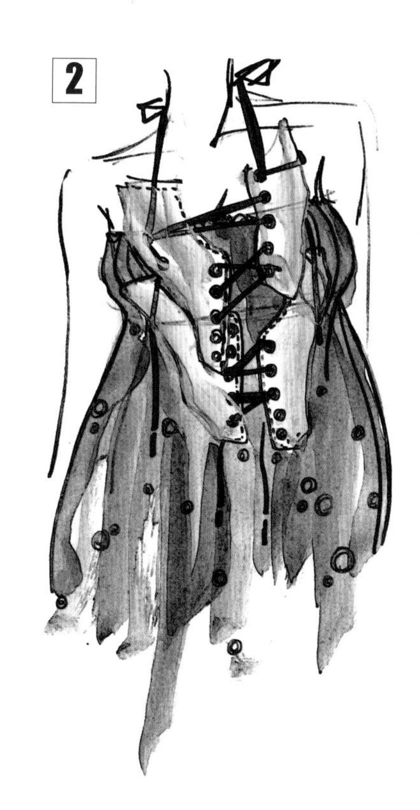

아이디어 재구성

스케치

가봉

패션 일러스트레이션 완성

촬영

수고하셨습니다.

마지막으로 기념적인 개념의 패션 일러스트레이션 작업을 해 보세요.
제목은 '1년 후 봄의 희망' 입니다.
재료와 시간의 제한은 없습니다. 하지만 시간과 비용을 고려하여 효과적으로 작업하고 설득력 있게 프리젠테이션을 해 보세요!

감사합니다.

참고문헌

강화영, COLOR ILLUST AND USING PHOTOSHOP, 서울: 태학원, 2006
김 상, KIM SANGS FASHION ILLUSTRATION, 서울: 경춘사, 1999
김성민, 미술과 패션일러스트레이션을 위한 누드포즈, 서울: 이즘, 1996
김성민, 패션 일러스트레이션을 위한 재료와 기법, 서울: 이즘, 2001
김성민, 패션 일러스트레이션 컬러링 기법, 서울: 이즘, 1996
김충원, 스케치 쉽게 하기(기초 드로잉), 서울: 진선출판사, 2007
닉 티드남, 채현정 역, OILS AND ACRYLICS, 서울: 지식더미, 2006
공미선, ILLUSTRATION COLORING TECHNICS, 서울: 교학연구사, 2002
공미선, FASHION ILLUSTRATION DRAWING TECHNICS, 서울: 교학연구사, 2002
김순구 외, 패션디자인을 위한 컴퓨터 GRAPHICS, 서울: 신지서원, 1998
구인숙, 컴퓨터 패션 디자인, 서울: 교문사, 1994
권여현, 드로잉의 세계, 서울: 재원, 1999
라사라 교육개발원, 패션스타일화의 기법, 서울: 라사라패션정보, 2000
메릴린 스콧, 안희경 역, 스케치와 드로잉 바이블, 서울: 마로니에북스, 2005
메릴린 스콧, 이화영 역, 수채화 바이블, 서울: 마로니에북스, 2005
메릴린 스콧, 이화영 역, 아크릴 바이블, 서울: 마로니에북스, 2005
마이클 라이트, 최연주 역, 혼합재료, 서울: 삼호미디어, 1996
박미래, 패션 일러스트레이션 기초, 서울: 이즘, 1993
박순천, 패션드로잉의 기초, 서울: 학문사, 2006
박혜미 외, 패션일러스트레이션, 서울: 한올, 2003
빌 테임즈, 장동림 역, 패션드로잉, 서울: 예경, 1996
성광숙, 성광숙 패션일러스트레이션, 서울: 이즘, 1994
성광숙 , FASHION ILLUSTRATION (VOL 2), 서울: 교학연구사, 2004
신혜순, 패션디자이너를 위한 FASHION ILLUSTRATION, 경기: 교문사, 2007
안병기, 패션일러스트레이션 기법, 서울: 학문사, 2004
안선희, 차은진, FASHION ILLUSTRATION TECHNIQUES, 서울: 교학연구사, 2006
연문희, FASHION DRAWING FOR ARTIST, 서울: 교학연구사, 2005
윤희진 · 강영숙 · 일러스트레이터 CS2 기본+활용 쉽게 배우기, 서울:
영진.COM, 2006
이금희, 창작디자인과 패션일러스트레이션, 서울: 경춘사, 2004
이안 시더웨이, 정수민 역, 아크릴 컬러 믹싱 바이블, 서울: 마로니에북스, 2006
이운영, 패션 컴퓨터(ILLUSTRATOR 9.0 PHOTOSHOP 6.0 PAINTER 6.0),
서울: 경춘사, 2001
이자희, 크리에이티브 패션 일러스트레이션, 서울: 미진사, 1999
이주현, 패션 일러스트레이션의 테크닉, 서울: 학문사, 1999
일본 시각디자인연구소, 김명기 역, 수채화 기초 기법, 서울: 이종문화사, 2007
일본시각디자인연구소, 얼굴의 연필화 기법, 서울: 이종문화사, 2006
정세난 · 김영주 · 신효진, 일러스트레이터 인물 드로잉, 서울: 성안당, 2005
정은도서 편집실, 패션디자이너 일러스트레이션, 서울: 정은도서, 2001
정혜선, ILLUSTRATING FASHION, 서울: 교학연구사, 2001
잭 햄, 인체드로잉 해법, 서울: 송정문화사, 2005
채금석, 패션드로잉, 서울: 경춘사, 2006
최미현, FASHION ILLUSTRATION WORKBOOK, 서울: 교학연구사, 2002
칼 크리스티안 호이저, 윤여항 역, 프리핸드 드로잉과 스케칭, 서울: 예경, 1996
커트 행크스, 박영순 역, 발상과 표현기법, 서울: 아키그램, 2005
커티스 타펜든, 채현정 역, WATERCOLOUR, 서울: 지식더미, 2006
한국미술연구소 서울여대조형연구소 공편, 드로잉, 서울: 시공사, 2001
홍상문, 크로키 표현기법, 서울: 창작나무, 2001
B.호가스, 다이내믹 인체드로잉, 서울: 고려문화사, 2003
B.호가스, 김정은 역, 다이내믹 핸드 드로잉(DRAWING 4), 서울: 고려문화사, 1999
Blandine Calais-Germain, 김건도 외 역, 움직임 해부학 2, 서울: 영문출판사, 2002
Diana Constance, 이두식 역, 인체 드로잉, 서울: 아트나우, 2000
Howard Gardner, 임재서 역, 열정과 기질, 서울: 북스넛, 2004
Ireland, Patrick John, 조정화 역, 패션 디자인 드로잉, 서울: 이종문화사, 2006
Kathryn Hager, 김미숙 역, 디자이너를 위한 패션일러스트레이션, 서울:
시그마프레스, 2006
Patricia Monahan, 박윤경 역, ART SCHOOL 3-0, 서울: 눈과 마음, 2002
Robert Beverly Hale, 이두식 외 역, 인체해부드로잉, 서울: 지구문화사, 2005
Sarah Simblet, 최기득 역, 예술가를 위한 해부학, 서울: 예경, 2005
Tatsuo Matsubara, 투명 수채화 기법, 서울: 이종문화사, 2007
Willian Packer, 강은숙 역, FASHION DRAWING IN VOGUE, 서울: 경춘사, 1995
Zeshu Takamura, 김정혜 역, 패션드로잉 테크닉, 서울: 조형사, 2006

Blackman, Cally, 100 Years of Fashion Illustration, Chronicle, 2007
Borrelli, Laird, Fashion Illustration Next, Chronicle, 2004
Borrelli, Laird, Fashion Illustration Now, Harry N Abrams Inc, 2004
Borrelli, Laird, Fashion Illustration Now, London: Thames & Hudson, 2000
Dawber, Martin, New Fashion Illustration, Sterling, 2006
Drudi, E., Figure Drawing for Fashion Design,
Perseus Distribution Services, 2002
Fernandez, Gustavo R, Illustration for Fashion Design, Prentice Hall, 2007
Maite Lafuente, Essential Fashion Illustration Poses, Quayside, 2007
Maite Lafuente, Essential Fashion Illustration, Quayside, 2006
Maite Lafuente, Essential Fashion Illustration Details, Quayside, 2007
Tatham Caroline, Seaman Julian, Fashion Design Drawing Course,
Barrons Educational Series, 2003

찾아보기

ㅊ

ㅋ

ㅌ

ㅍ

ㅎ

영문

A

B

C

D

E

F

G

H

I

J

K

저자 소개

류근종 (John Lyu)

서울종합예술학교 패션예술학부 교수
Daylight-Design-Creation 대표

john@sungshin.ac.kr

* 미술학박사(홍익대학교 미술대학 대학원, 패션디자인 전공, 서울)
* 미술학석사(Middlesex University, 패션디자인 전공, 런던)
* 디자인학석사(국민대학교 테크노디자인대학원, 패션디자인전공, 서울)
* 미술학학사(홍익대학교 미술대학, 금속공예전공, 서울)
* 전문과정수료(St. Martins College of Art & Design, 패션아트디렉팅전공, 런던)

* 패션아트 개인전(02 런던, 04 뉴욕, 05 서울, 06 서울/동경/뉴욕, 07동경), 패션아트 그룹전(01~07 알래스카, 밀라노, 대련, 동경, 뉴욕, 홍콩, 서울, 터키 外)
* 패션브랜드 워크 (93~00 SYSTEM, Style & Co, 安全地帶, B.U.M., 무자크)

류근영 (Lyu Keun Young)

재일 패션일러스트레이터
한국예술종합학교 무용학과 / 경원대학교 건축학과
울산대학교 섬유디자인학과 강사 역임

ciaobella@naver.com

* 미술학디플로마(Carlo Secoli Istituto, 패션일러스트레이션, 남성복디자인 복수전공, 밀라노)
* 미술학석사(이화여자대학교 디자인대학원 패션디자인전공, 서울)
* 미술학학사(이화여자대학교 조형대학 장식미술학과 복식디자인전공, 서울)
* 전문과정수료(Monterey Peninsula College, 아트드로잉전공, 몬테레이)

* 패션일러스트레이션(웨딩21, 마이웨딩, 아름다운 신부, 럭셔리, 행복한 세상 백화점 外)

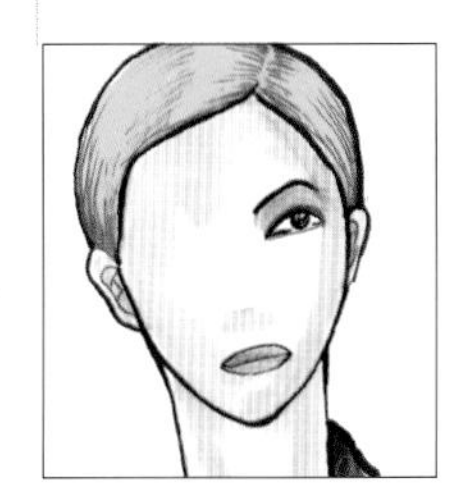

이정원 (Lee Jung Won)

패션일러스트레이터
서경대학교 패션디자인학과 겸임교수
명지대학교 패션디자인학과 강사

insomnier@naver.com

* 박사과정수료(홍익대학교 미술대학 대학원, 패션디자인 전공, 서울)
* 미술학석사(이화여자대학교 디자인대학원 패션디자인전공, 서울)
* 미술학학사(동덕여자대학교 디자인학부 의상디자인 전공, 서울)
* 전문과정수료(이화여자대학교 디자인센터 패션일러스트레이션 지도자과정, 서울)

* 패션디자인 개인전(03 동경), 패션디자인 그룹전(02~06 북경, 홍콩, 베를린, 서울 外)
* 패션일러스트레이션(까사리빙, 유행통신 外)

FASHION ILLUSTRATION IN 32 WEEKS
패션 일러스트레이션 32강

2007년 8월 31일 초판 발행
2014년 2월 20일 4쇄 발행

지은이 류근종 / 이정원 / 류근영
펴낸이 류제동
펴낸곳 (주)교문사

전무이사 양계성
디자인 시선-유효선
제작 김선형
영업 이진석 · 정용섭 · 송기윤

인쇄 삼신문화사
제본 한진제본

우편번호 413-756
주소 경기도 파주시 교하읍 문발리 출판문화정보산업단지 536-2
전화 031-955-6111(代)
FAX 031-955-0955
등록 1960. 10. 28. 제 406-2006-000035호

홈페이지 : www.kyomunsa.co.kr
E-mail : webmaster@kyomunsa.co.kr

ISBN 978-89-363-0856-8 (93590)

*잘못된 책은 바꿔 드립니다.
값 30,000원